图解

生命使用说明书

雷锋 著

汕頭大學出版社

图书在版编目(CIP)数据

图解生命使用说明书 / 雷铎著. —汕头：汕头大学出版社，2008. 6

ISBN 978-7-81120-049-2

Ⅰ. 图… Ⅱ. 雷… Ⅲ. 人生哲学—通俗读物 Ⅳ. B821-49

中国版本图书馆CIP数据核字（2008）第079490号

图解生命使用说明书

著　　者 / 雷　铎
责任编辑 / 胡开祥
特约编辑 / 蔡　静
封面设计 / 唐　薇　王　勇
责任技编 / 谢昌华　姚健燕

出版发行 / 汕头大学出版社
广东省汕头市汕头大学内　邮编　515063
电话　0754-2903126
制　　作 / 广州公元传播有限公司
印　　刷 / 恒美印务（广州）有限公司
规　　格 / 760×1020mm　1/16开　12印张
版　　次 / 2008年7月第1版第1次印刷
书　　号 / 978-7-81120-049-2
定　　价 / 29.80元

（咨询电话：020-38865309）

目录

第三部分　产品优化

附录　保修卡：生命指数图表

▶ 概说	自序		
正文	运作原理	生命之构造及其使用	1~7节
		生命之偶然定律	1~3
		生命之无奈定律	1~3
	故障维修	常见故障　（错误使用）	1~2
		故障分析　（为何出错）	1~4
		维修原理（"电路"研究）	1~2
		维修方法（修复要领）	1~2
	产品优化	优化原理（反定律思维）	1~3
		硬件之优化（善待肉身）	1~4
		软件之优化（善待心灵）	1~4
		操作方式之优化（一些要领）	1~5
		一些实用小技巧·生命祝福	1~5
附录	"生命成败指数"系列"对数表"		

本章在全书的位置

自序

中国古话说，人生一世，草木一春；山中常有千年树，世上难逢百岁人。人从娘胎里掉下来，到世界上走一遭，然后有一天（不管活多少岁）便离这个世界而去，这便是人生。

人生存在这个世界上，需要与天地自然和谐，也需要与人类社会和谐，还需要与自己的肉体和灵魂和谐，这样才能活得更长久。在这个基础上，如果活得更有质量，那么就是吉祥的人生了。

本书，是一本以中华禅宗和道家老庄思想为指导的“枕边书”，放在床头，每天翻上三五页，或许对你的人生有意外的帮助。

本书是在许多不同场合的演讲的基础上整理而成的。许多次演讲效果出奇的好，比如，朋友们听完讲演之后，交流体会，有人说，原来此生最大的错误是选错了职业，应该尽快改行；有人说，回去马上离婚，因为选错了配偶是此生诸多麻烦的根本原因；有人说，想去学习禅修和瑜伽，以便摆脱目前的紧张综合症、焦虑症和忧虑症；有人说，回去马上就要给远在家乡的父母打电话，以及时修补亲情缺失的篱笆；甚至有人因为烦恼交集、身心疲惫、人生绝望，想出家或自杀，听完演讲之后，决定尝试用一种平常心来重新开始自己的人生。

由于这些出乎作者本人意料的反应，也由于出版社的多番催促，于是便有了眼下的这本书。

人生是一个说不清的过程，用佛教《金刚经》上的话来说，“如幻梦雷电”。以下我讲5个小故事，作为全书的索引。

第一个故事，说的是西藏有个荒无人烟的高山哨所，驻守着4个士兵，与外界交通隔绝，当中有个士兵患了夜游症，一天晚上，他觉得很渴，很想吃家乡的西瓜，于是到厨房拿了把菜刀，挨个摸着3个战友的脑袋，用中指敲了敲第一个，说：“生的，”敲第二个，说：“他妈的，怎么也是生的，”敲到第三个，是班长，被敲醒了，睁开朦胧睡眼，问：“你干什么？”拿刀的士兵吓醒了，菜刀“当”的一声落地。

这便是幻梦人生，我们的人生未必严重如这个夜游的士兵，但是，在智者或上帝看来，人有很多时候，是生活在不清醒当中，甚至是在梦境当中。

人追逐的目标，好比绑在牛角上的长竿上悬的青草，牛拼命追逐青草，但永远吃不到，却错过了脚下的鲜花。
《永远吃不到的“名”和“利”之草》
青草
名 利
鲜花

第二个是牛吃草的故事。有这样一则寓言，说其实人到这个世界上来就是到处乱跑、到处去吃青草的，但是可惜，我们的人生已经给我们设定了目标，就是在我们的牛角前面挂了两束青草，分别是“名”跟“利”。“名”这束“青草”也可以叫做“事业”，或者叫做“功名”；“利”这束“青草”也叫“待遇”。我们每天都会往前跑，希望吃到这两束青草，但是每当你往前跑一步，这两束青草就同样在往前面跑，偶尔掉下一两根被你吃到了，你就升了一级或者赚了一笔钱；但是，其实更好的青草，甚至鲜花，是在你脚下的，你为了追逐牛角上的青草而错过了脚下更鲜美的青草，或者美丽的鲜花。有一句西方的谚语——“在牛的眼里头，鲜花也是饲料”，我觉得，在青草跟鲜花这两种饲料之间，我更喜

欢鲜花一点，因为鲜花是更好的饲料。

这则寓言说的是我们的人生，常常在追逐一些似乎唾手可得、但其实是云里雾里的不切实的目标。

第三个故事，名字叫做《十八乌缸廿四瓮》，是流传在广东潮汕一带的一个有名传说，说的是明朝的时候，有对海盗兄妹，多年下来积累了无数的金银财宝，藏在与海相通的一个山洞里头，官兵多次围剿，都无功而返，后来，官兵发现了山洞通海的秘密，两头派兵围剿。海盗自觉此次在劫难逃，打算放弃金银财宝，空身逃走，但妹妹舍不得这些宝贝，哥哥问："你是要命还是要宝？"妹妹说："要宝！"于是，哥哥刀起头落，妹妹的脑袋便和十八乌缸廿四瓮金银财宝埋在一起了。

这个故事说的是人生常常为追逐财富而舍弃生命，当然，这种舍弃，并非刀起头落（除了少数上断头台的贪官或其他贪财者之外），更多的，是一种慢性的死亡，为了这钱财。

第四个故事，是一则古代的轶闻，说的是老皇帝驾崩了，年轻的皇储继承王位，但宫廷里有许多上一代皇帝多年收罗来的民间美女，父亲用过的美女，儿子并不想用，于是"削价处理"，把这些宫女用近乎"拍卖"的方式嫁到民间去。为了保持公平，"拍卖"办法如下：所有宫女都用绸袋子套上，交了钱的男人们便根据自己的判断去抱某一个绸袋子，一笔交易就这样完成了，当然这其中会有许多的糊涂搭配，比如，一个二八少年却摸到了一个年近六旬的老妇人；而一个年过半百的长者，却摸到一个豆蔻年华女子，那么，拍卖会过后，人们可以私下去交换自己。

这个故事，可以用来比喻我们的婚姻：人在寻找自己的配偶时，由于种种机缘的限制，便有了种种错配。这种错配，主要不是年龄的，而是观念、性格等等其他原因。

第五个故事，是我自己的经历。几年前，我所尊敬的长者、原广东省委书记、大鉴藏家吴南生老先生在一个活动上要约见我，而此前我一直没有机会和他当面相处，我不想错过这个机会，但又有一点小犹豫，因为头天晚上，我发觉右耳严重耳鸣，听不见声音，本来计划去医院检查，但我最后还是没有去。第二天到医院，医生说：突发性耳聋的最佳治疗时间是刚发病的二十四小时内，而我错过了，所以我的右耳听力至今还没有完全康复。顺带说个小笑话，许多朋友都说些安慰的话，唯有我的一个很好的朋友、学长、大画家林丰俗先生笑眯眯对我说：很好啊，你可以取个艺名，就叫做“半聋”，历史上有许多书画家都有一些类似的大号。他的幽默令我释怀。

这段经历说的是人生常常会有一些表面看起来很重要的机会，可能反而会令我们失去更重要的东西。

以上是对人生中一些矛盾、尴尬或错误的一点形象描述。

现在市面上有大量关于生命和人生的书，大多可以分为三个层次：形而下的、形而中的、形而上的。比如怎样与上级相处、怎样讨好女人、怎样讨好老公等，属于形而下的；涉及如何处理人生中遇到的一些关键的事情，则属于形而中的；形而上的则更多地带有哲学思考。

本书涉及到两个常用的词汇：“生命”和“人生”，在这里略加诠注：

从语义学上说，大凡有生有死的东西，处于生死两端的这个阶段叫做“生命”；“人生”则是人的生命。这两个词汇表面看是相似的，但细究起来则略有差别：我在书里使用“生命”的时候，一般用来指自然生命，即与生死直接相关的事情；“人生”则带有更多的人文色彩，即对生命的理解和使用。

生命诚可贵，使用不当就浪费。有些人也许排队等待了几万年才得到一次来到这个世界上旅游几十年或者一百年的机会，这个过程是否能够活得精彩，这就是人生成功与否的差别所在。

当本书写作杀青即将出版的时候，传来了四川汶川大地震的消息。地震时那种天摇地动、地裂山崩、几万人在顷刻之间失去了他们生命的惨痛现实，让我们看到生命是多么脆弱，脆弱到比一个空蛋壳更容易被捏碎，比一只蚂蚁更容易被上帝的脚丫子踩死，比一个廉价的玻璃酒杯更容易被打碎。

于是，见证了这场灾难的人们，包括那些在废墟里头被埋几分钟、几小时、几十个小时，乃至一百多个小时而幸存下来的人们，都倍感生命的珍贵。

这种千金难买重来一次的生命怎样才过得有价值、而不至于辛辛苦苦得到却又过得苍白而没有意义？这是活着的每一个人都要面对的一个很现实的问题，而且是比其他一切问题更深刻、更沉重、更具挑战性的问题。经过大灾大难之后，许多人明白，亲情以及健康的身体，才是人生中最重要的事情。

地震还给我们另外一个后果，那就是地震之后，许多人的心灵受到了创伤。汶川大地震，不但夺去了十万位同胞的生命、伤害了数十万人的肢体，同时也造成了闻所未闻、见所未见的大规模的心灵创伤。由此我们想到，人不但需要一个健康的肉体，同时还需要一个健康的灵魂，即健康的心灵。只有一个健康的心灵，一个对人生正确的看法，我们的生命才是完整的。人的生命就像一台电脑，不但要有好的硬件，同时必须配有最少病毒的、最高效率的和最高价值的软件，那么，这才是最好的一台电脑。

我们无须、也无法用更多的篇幅来描绘这场在中国大地上发生的，也许是最惨烈的地震对我们所产生的震撼。在这里，我想指出的是，从如何让每个人活得更高尚、更快乐，让自己的生命更有价值这个方面来说，本书应能起到一般其他所谓人生工具书（例如励志书、成功学）所不能起到的作用。

雷铎 敬启

二〇〇八年初夏于广州白云山房

概说	自序		
正文	运作原理	生命之构造及其使用	1~7节
		生命之偶然定律	1~3
		生命之无条定律	1~3
	故障维修	常见故障 （错误使用）	1~2
		故障分析 （为何出错）	1~4
		维修原理（"电路"研究）	1~2
		维修方法（修复要领）	1~2
	产品优化	优化原理（反定律思维）	1~3
		硬件之优化（善待肉身）	1~4
		软件之优化（善待心灵）	1~4
		操作方式之优化（一些要领）	1~5
		一些实用小技巧·生命祝福	1~5
附录	"生命成败指数"系列"对数表"		

本章在全书的位置

第一部分

运作原理

第一章 生命"构造"及其常规使用

一、追问生命

怀胎（签证）、降生（入境）、生存（到地球上来旅游）、生命（旅游期约100年）、扣分、死亡（离境—不知所终）。

我们可以用旅游来比喻人生的过程：当你由父精母血结合而成，也就是怀孕的这一刻，你得到"签证"；当十月怀胎结束以后，你被生下来，这时候你就"入境"了，来到地球，来到这个世界上（为什么我们的农历老是要算虚岁，比如说小孩掉下来就算一岁，其实就是因为这十月怀胎——它把肚子里头这一段时间算上了）；当你走的时候就是"离境"。而整个人生真正有价值的是从离开母体后到离开世界前的这一段时间。

我们出生的时候是0岁，"离境"的时间长短不一，按"人生百年"算，在地球上可以逗留100年，但是也有人可以超过100年，比如传说中黄帝就活了110岁；而多数人活不到100年（现在中国人的平均年龄则在75岁左右）。不管怎么说，这段旅程总是有起点有终点的。很多人提前离境，"执照"被提前没收回去了，那么，它为什么会被没收呢？因为你犯规了，违反纪律了，

从周易的角度来看，变化万端的人生要说简单也非常简单。一般地说，生命应该是等于或大于100岁，但是多数人因为犯规或透支而被扣分了，所以被迫提前“离境”，活不足100岁。

包括对自己的不正确使用等等。打比方说，最近国家医管局的局长被判死刑，这就是违章、罚款，提前把他押送出境了。所以，如果从《周易》的角度来看，其实变化万端的人生要说简单也非常简单，一般地说，生命应该是等于或大于100岁，但是因为犯规或透支被扣分了，所以不足100岁。

二、数字化生命

虽然人生看起来比较复杂，但如果用数字来表达的话，我们会发现人生其实很简单，甚至太单薄了，我把它称之为“数字化生命”：

一是生命长度，100岁也就36,000多天；

二是要做多少事情？提纲挈领看人的一生，能做的最有价值的大事不会超过10件，真正有价值的大事，两三件就够了；

三是你的人生伴侣数。人在社会上会有复杂的关系，但真正归结起来只有四个亲缘关系。我们可以用这样一个表述：首先是生育我们的父母，这是血缘关系，他们先我们而来，也先我们而去；接着是我们的兄弟姐妹，他们跟我们差不多一起来到这个世界上，大体上也一起离去，这个也是不可改变的；然后是婚姻，这个是可选择的；婚姻接着带来的是子女。

父母、兄弟姐妹、伴侣、子女，总数一般不超过20人；

四是朋友。朋友确实很重要，但朋友是分阶段的，人生其实不需要太多真正意义上的朋友。比如说，幼儿园的朋友基本上不往来了，小学的朋友仍在来往的非常少了，中学大学的朋友现在还有一些来往，工作以后会有一批朋友；中年的时候有中年的朋友，晚年有晚年的朋友。总之，在人生的每一阶段，真正的好朋友都不会超过10个。

活在这个世界当中，父母是不能少的，兄弟姐妹是不能少的，一般地说，一个伴侣，也就是你的丈夫或妻子是不能少的，你和他/她会生下子女，这也是不能少的，除此之外，再加上两类不可缺少的朋友，一类叫诤友，一类叫慧友。

五是财富总量需求。我们可以算一下人生需要多少钱。假设从娘胎里掉下来会哭那一刻算起，每年365天，到100岁离开时，就算每天都用1000块钱，也只需要3600多万。这笔巨资，其实将来统统要没收回去，是多余的，那赚那么多钱干什么？

所以，我觉得人的目标要高，但有时候定的标准要低。有的人钱很多，但是不快乐，为什么？就是因为没有看破“财富”。在精神财富跟物质财富之间，物质财富最容易把人唬弄住，因为，人一旦进入财富的游戏圈之后，就成为一个陀螺，被财富不停地抽打，上得去下不来，不停地在那里旋转，永远停不下来。本来3600万就已经足够了，但是你觉得不够，希望它变成7200万，然后希望它变成1亿，1个亿之后希望变成10个亿，有了10个亿之后希望进入全球100强，进入100强之后希望进入前

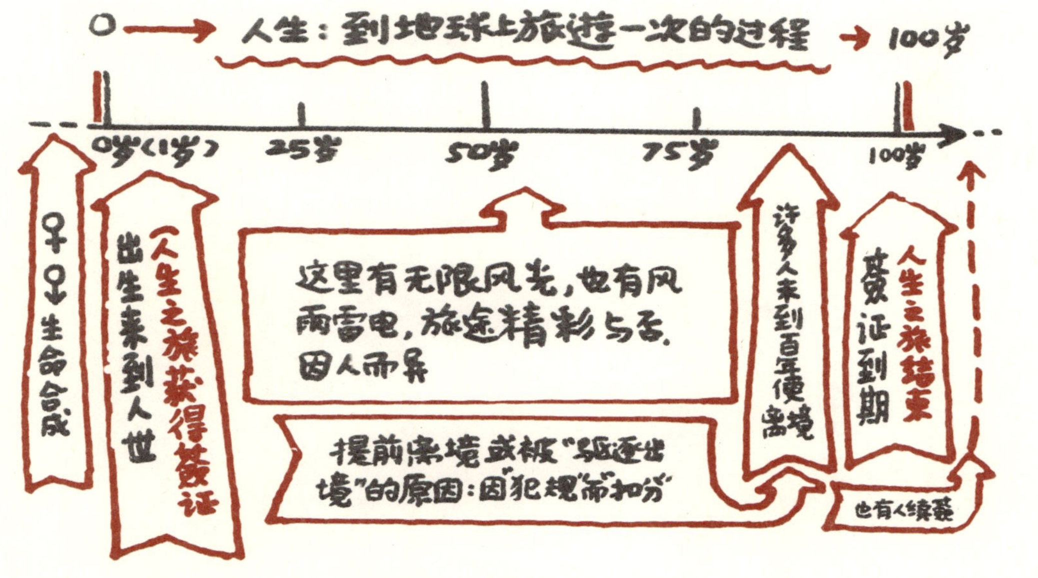
0 → 人生：到地球上旅游一次的过程 → 100岁
0岁（1岁）
25岁
50岁
75岁
100岁
♀♂生命合成
人生之旅获得签证
出生来到人世
这里有无限风光，也有风雨雷电，旅途精彩与否，因人而异
提前离境或被"驱逐出境"的原因：因犯规而扣分
许多人来到百年便离境
人生之旅结束
签证到期
也有人续签

人生之旅示意图

▲人生数量式：
100年×365天＝36000天

人生总天数

▲人生亲生父母数式：
1+1＝2

▲人生兄弟姐妹数式：
0～X不等，目前中国均数可视为3人左右

▲人生配偶数式：
理论上为1，加上再婚，则>1

▲人生子女数式：
理论上是0.5～1个（一对夫妻只生一或二个）实际上应大于此数（但也有少量不育或不愿生育的夫妻）

人生亲缘数

数字化生命①寿命和亲缘

▲人生可消耗财富数式：
∴设从你从娘胎落地那一刻起，每天消费1000元；
∵设你的人生100岁，即36000天；
∴1000元（天）×3.6万（日）＝36000000元＝3.6千万元

数字化生命②财富

▲可供良性利用的时间数式
25年（25－50岁）×⅔（工作占⅔）×⅓（真正有效）≈9年

▲可供浪费的时间数式：
2小时／天×3.6万＝7.2万小时÷365天≈9年

▲"灰式时间"（除上二者外最可开发的时间）数式：
75年－9年－9年＝57年

数字化生命③人生三种"时光"

10名……所以，李嘉诚并不比普通人快乐——李嘉诚没有自由，而我们普通人则可以到处去。

我也会去广州的少男少女们常去的一个小商品市场，类似流行前线这一类的地方，但是李嘉诚去不了——他上厕所都是前呼后拥的。有钱人处处都生活在危机当中。由此看来，财富并不等于快乐。除此之外，财富还带来其他很多烦恼，比如说，财富带来的骨肉相残，这类的事例我们已经看到很多了：多少大腕身后，子女、亲人为了争夺遗产打得不亦乐乎。

三、举例说明

现在有的企业家和官员，要得太多，没完没了。其实你离开这个世界时，美金、欧元、英镑、人民币，通通无法带“出境”。

人生需要多少财富？人生需要多大的名气？人生需要多少功名利禄？我想引用《红楼梦》的《好了歌》：

世人都晓神仙好，只有功名忘不了！
古今将相在何方？荒冢一堆草没了！
世人都晓神仙好，只有金银忘不了！
终朝只恨聚无多，及到多时眼闭了！
世人都晓神仙好，只有娇妻忘不了！
君生日日说恩情，君死又随人去了！
世人都晓神仙好，只有儿孙忘不了！
痴心父母古来多，孝顺儿孙谁见了？

君不见，中国历朝历代“富甲天下”的皇帝们，平均寿命不过39岁。人为钱忙、为禄忙、为利忙，最后不过是一场空。在生命面前，人人平等，王侯短命，巨贾多疾。世界是平等的，小甜甜就是一个例子，据说她的财产大概是700亿－1000亿之间，其实她的家族已经为这700亿打得非常痛苦；再从另外一个角度说，金钱能不能买来性命呢？不能。假如小甜甜把这700亿全捐出去，能够买回一条命的话，我想她是愿意的，但事实是捐出去也买不回来，那700亿她也带不走，换成欧元、换成美元、换成金条，通通都带不到她要去的另外一个地方。

中医说“不治已病治未病”，是什么意义呢？讲个故事。有一个外国人在19世纪来中国，他写了一本书，认为中国是一个不可理解的国家，举了几个例子，其中的一个例子就是说，中国的有钱人会请一个医生，但是这个医生不给他治病，只是给他开一些养生保命的药。如果到了年底，这位有钱人这一年并没有生病，他就会付高薪给这个医生，反之，若是这一年生病了，他就会从中扣除钱，因为医生不尽职。这就是真正的中医。

禅宗有四句话“春有百花秋有月，夏有凉风冬有雪。若无闲事挂心头，便是人间好时节”。在感悟了大道的禅师们眼里，人的每一天应该都是快乐的，春夏秋冬各有美景，只要心里没有压力，其实每一天都是好时节。

有两个典故，一是有两个好朋友一起喝酒，倒满了一杯酒以后，两个人喝了一半，其中一个人很悲观，看了半杯酒就叹息道：哎呀，怎么搞的，只剩下一半了。另外一个却非常开心：哇，我喝了半天，还剩这么多。另一个说的是一个老太太，有两个女儿，一个是卖阳伞的，一个是卖草鞋的。太阳一出来，老太太就在那里哭了，因为出太阳，她女儿的草鞋就没人要了，所以她发愁；一下雨她也哭，因为下雨，她女儿的太阳伞就没人买了。后来过来一个禅师问明了原因，就对她说：老太太，其实你每一天都应该开心，太阳出来的时候，你要为你女儿的阳伞卖得出而感到开心。下雨的时候，你要为你女儿的草鞋能卖出去而感到开心。同样一件事情，“横看成岭侧成峰”，每个人都会遇到相似的事情，但为什么有人会被关入精神病院，而有些人却乐呵呵的？同样是领导干部，有些人头一天还威风八面，第二天退下来就成了一个糟老头，没多久就得了癌症；而有些人则退下来之后心境平和，虽然是去买菜，但精神抖擞，还是很威风的。这其实就是对人生的感悟。

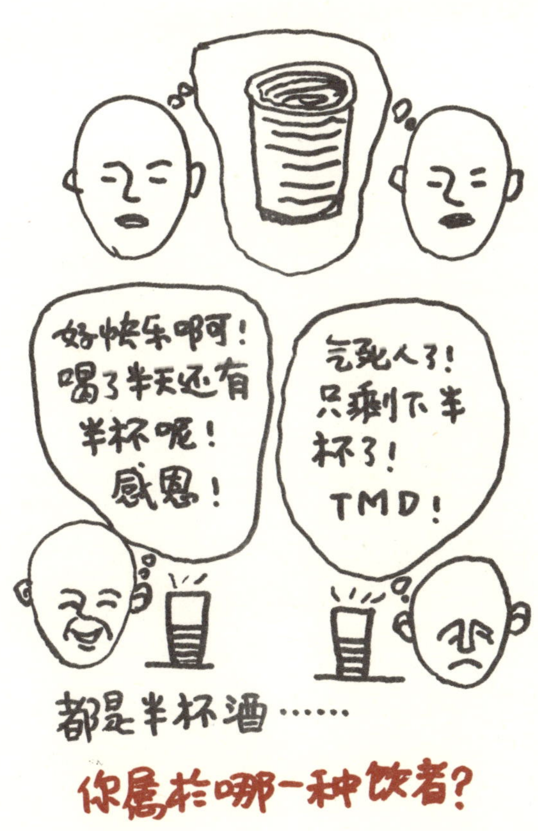

好快乐啊呵！
喝了半天还有
半杯呢！
感恩！
气死人了！
只剩下半
杯了！
TMD！
都是半杯酒……
你属於哪一种饮者？

这里我想举一个非常有说服力的例子。中国目前在世的国学大师饶宗颐先生，今年93岁了。从名气上，就国学研究的学养，国内学界有两个提法，一个叫“南饶北钱”，一个叫“南饶北季”；都是把饶宗颐跟钱钟书、季羡林相提并论。他在做学问方面，可以说是学贯中西，研究领域涉及到八大领域，甚至十大领域。比如说，光是一个梵文本身，他就已经

超过了很多专业只研究梵文和佛学这一个门类的学者。

那这样一位老先生，他对生命的看法是怎么样的呢？有一次，我直接向他提出了一个问题，就是对生命长度跟单位亮度对比的一个看法，因为曾经有人把他跟王国维和龚自珍相比。老先生回答这个问题的时候已经80岁左右了。老先生就说："拿我来跟他们比，其实是不公平的，对我是一种表扬，但对他们两位不公平；因为龚自珍和王国维都只活到50岁左右，而我现在已经80岁了，所以你们是把我80年的成就跟他们50年的成就来相比，也就是说我多活了30年，最多也才能赶上他们的成就，何况其实我还赶不上。"

当然，能不能赶得上我们另当别论，不过他认为，人的生命有两种方式，假如把生命的总量比作一根蜡烛的话，它有两种燃烧的方式：一种就是燃烧得非常快，它很亮，火很大，可以在很短的时间内发出很大的亮光。但是烧得太快了，比如在大风之下，蜡烛烧得很快那很快就灭了；还有一种，它的灯芯可能拧紧了一点，或者在没有风的情况下，外部条件比较好的情况下，那么它燃烧的时间可能是前者的一倍半或者两倍。饶宗颐老先生就说，我希望自己能够长寿，我用慢慢燃烧的办法，让我的成绩尽量能够更大一点。他所说的成绩，其实对我们来说就是成就了。

所以，饶宗颐老先生现在已经93岁了，他手写的十一条《兰亭序》草书还非常精彩，现在的精力、记忆力还是惊人的好。像这样的老先生，如果他活到100岁的话，那么他的生命就是前面所举的两位大师龚自珍和王国维的生命的两倍。所达到的成果就比50岁要更合算一点，这是从做学问的总量上来说的。另外，从享受人生、体验人生的角度上来说，他有一方印章，上书："九州行其八，五洲履其四"，就是说，中国的九州，他去了其中八处，世界五大洲，他去了其中四个。这是一种宽度的阅历。这种长度加宽度，再加上他高质量的生命，每研究一个领域，其成就都是惊人的，这就整体构成了他的一个生命总量。生命长度乘以每一个单位时间的强度，得出了最大的一个积，通过饶宗颐老先生的事例来比，可谓之为"蜡烛长燃说"。

除此之外，还有另外两种状态。一种就是蜡烛燃烧的时间很短，火光也不够大，因为它燃烧到一半就被吹灭了，或者蜡烛灯芯本来就没有接好，也即本身的软件预设或硬件预设就有问题，因此半道夭折。举另一个例子，英国的著名诗人拜伦有一位女朋友，她20岁左右就去世了。拜伦在追悼这位女朋友的时候用的是一种非常乐观或者说换了一个非常美丽的角度来歌颂的。大意就是说，你在青春最美的时候像彗星一样陨落，发出了一种耀眼的光芒，所以你的美丽永远映在我心里；因为我不能够想象，当你老到满脸皮肤都发皱时的那种样子。

类似的例子还有戴安娜。其实戴安娜的生命不属于那种低质量的，但是她也太短命了，如果她更长命的话，她将会成为历史中一个更辉煌的人物。不过戴安娜属于一种例外，她以一种辉煌的短命，传奇的短命，引起了全世界的注意，这是因为她的地位、她的美貌和她的德行所引发的。所以她最终还是属于龚自珍和王国维这一种类型的。

当然另外也还有一种情况，即蜡烛烧的时间很长，是因为本身蜡的质量就不好或者说周围环境本来就不好。关于环境，打个比方说，在高原缺氧这样的环境下，虽然蜡烛可以慢慢点燃，但却并没有发出多少光芒；或者说蜡烛在一个没有人看得到的地方，光芒并没有照出多少景色来。比如说某一些人的人生，哪怕活到90岁或100岁——比如广西的长寿之乡八马，超过100岁的老人就有很多——但他们是在一种非常困窘的情况下生存过来的，他们显然不算是一根根辉煌的蜡烛。当然，这是以一种人生成功的尺度来衡量他们的。至于从个体的感受来看，人生快不快乐，幸不幸福，算不算一根成功的蜡烛，下面的篇章会有一个单独的论述、一个跟现在的一个结论略有不同甚至是相反的一个论述。详见《幸福舍利子》一节。

朋友、名气等等，也是一样，想通了，人生就很轻松。

四、人生最大无奈

四大无奈是我对许多人的终生教训的一种总结。诀曰：

投错娘胎配错郎，做错事情入错行，

一朝过失不谨慎，三生后悔无事忙。

1. 投错娘胎

人生有很多无奈，投错胎生错时，这些因素是我们自己无法控制的。以饶宗颐教授为例，他降生的家庭是潮州的首富，他父亲饶二是潮州最大的藏书家。所以，他“投胎”投对了。

但是，我们有很多人就“投错胎”（但无论“投对”还是“投错”，都是自身根本无从选择的）：家里既没有权势的背景，也没有书香的背景，所以，只有靠自己奋斗了。别人在生命的起点处可能已经有50米不用跑了，而你要比他先跑50米。

出生的时代背景和家庭背景的不同，造就了每一个人的不同人生道路。

但“投错娘胎”不能注定你的一生，古人所谓“平贱出豪杰”、“山窝飞出金凤凰”，说的就是命运能够通过努力来改变，只不过，所付出的代价比那些衔金匙而生者要多。但这种付出，有时候是更值得的：“苦其心志，劳其筋骨，饿其体肤”，可能恰是“天降大任于斯人”的先导。

2. 配错郎

我们经常会为了一些面子而做错事，比如说一个女孩本来自己并不想结婚，但是父母亲友都催她，被问得烦了，心想不如结婚算了，就稀里糊涂地嫁了一个不该嫁的人，结果后悔了。

娶错老婆嫁错郎，这个错误很严重——父母不可选择，伴侣可以选择，你选的这个人，将来是给你带来一辈子的幸福还是一辈子的麻烦，这是第一；其次，这个伴侣会和你生下一个或者一窝好的小孩还是和你生下一个或者一窝不好的小孩，这是其二。

这两个错误将伴随你的终身。

它不是一般的小错误。

3. 做错事情

人生每天的事情很多，总是有对有错，不可能每件事情都做得对。但可能影响你一生的事情，必须做对了。

譬如：父母老了，该照顾而不照顾，你今后再也没有机会了；儿女在成长的关键阶段，你当官忙、经商忙，孩子的事情顾不上，等到她（他）学坏了，辍学了、吸毒了，后悔已经来不及了。

有一句民谚说："好好香蕉你玩到它流脓"，是指一件本来很好的事情活生生被你搞坏了，譬如，一个难得的好女孩下嫁给你，你不珍惜，最后，她走了，你后悔了，但好马不吃回头草，你再求她也没有用了。民谚又说："孩子是自己的好，老婆（或老公，同理）是别人的好"，骑马的羡慕骑驴的，这山望着那山高，说的就是此类心态。

这一类错事，是影响人的一生的。

4. 入错行

在各种人生选择中，不光选伴侣很重要，选专业也是很重要的。现在很多小孩有一个重大的误区，就是只考名校不选好专业。其实这是误小孩一辈子的事情。如果小孩被迫去做他不喜欢的事情，哪怕是考进北大、清华、剑桥、牛津都没有用，最主要的是那个专业要好，符合个人的兴趣爱好。

同理，一个人不是当官的材料却进了官场，会得"官场不适应症"；不是经商的料进了商场，会得"商场不适应症"；不是艺术家的料硬是要当艺术家，最终也顶多只是一个三流艺术家，绝不会有什么大出息。生旦净末丑，各有各的天分，如果当初梅兰芳去演老丑，马连良去演小生，中国京剧界就少了两位大师了。

这一类大选择，也是影响人的一生的。

愿你不犯此类错误。至于和上司顶个嘴，买东西丢个钱包，小事一桩，不必在意。

五、生命定义

生命是什么？生命是生灵获得来到地球“旅游”100年的机会，这种生灵我们称之为“人”，这100年就是他的生命。

我们人是什么样的呢？是从生到死，当我们在母亲肚子里头，如果是拍一个彩色的透视的话，就会发觉其实跟猴子差不多。按照印度人的说法，这个时期属于龟期，像一只龟一样呼吸；每一个人生下来其实都是很丑的，我第一次当爸爸时候，我就觉得，我生的小孩怎么就这么丑啊，脸是皱巴巴的，像个老头一样。也有人在网上看到我年轻时候的照片，表扬我当时很帅，我听了就觉得很悲哀——那就是说我现在很不帅了。其实所有人都会经历这样一个过程。

我们过去说一个女孩长得很好，叫二八佳人，最漂亮的时候是16岁。罗丹的说法更极端一点，说一个女孩，真正的青春期短到只有3个月，这就是她最美丽的时刻。就像一朵花一样，半开的时候还不够，全开的时候又太过了，开到五六分的时候最好，这段时间只有3个月，然后很快就进入另外一种状态了。

所以，人生其实是两头0、中间1到100然后又归零这样一个过程。解决人生其实是解决从生到离开这个世界的这一段距离。人生是一条单行道，每走一步都不能往后退。所以我有个说法叫“单向拉链”哲学。也就是说，人生就像一条单向的拉链，已经拉上的部分就已经Pass了，不可能再回去了。

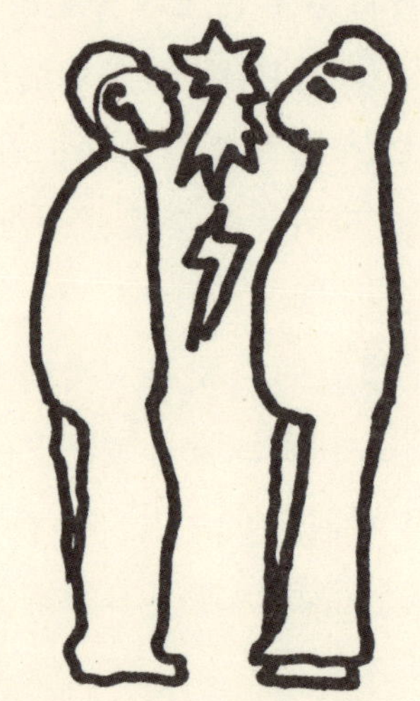

A 可以修改的错误：例如得罪某上司，小事一桩而已

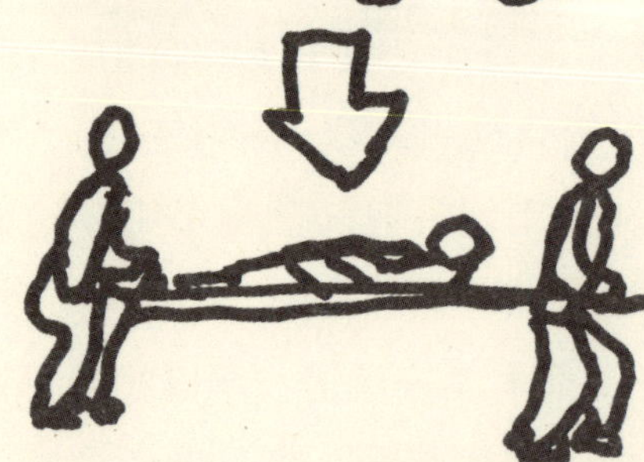

B 不可修改的错误：例如车祸

人生的两大类错误

六、肉身、灵魂及生命长短优劣

生命应该是怎样的?

如果正确使用的话，应该是大于100岁，应该是快乐的，应该是有意义、有价值的。但是一般的状态是怎样的呢？活不到100岁，而且经常的不快乐，或者说，很多时候是在做没有意义的事情。

人生是百年过河。如果想要快乐的人生，我们首先可以分析一下目前的生存状态怎么样，我们所处的窘境，我们的难题，最后归结到人生智慧。首先，人生依托的是我们的肉身，如果打个比方的话，肉身就是电脑的硬件，但是在每一个肉身里头，应该装有软件。所以，每一个人的生活质量取决于两个东西，除了肉体这套硬件，就是灵魂这套软件了。

中西方对肉体的理解是不同的，西方认为人体是可以分割的，可以从身体的几大系统一直分下去，最后一直到细胞，再到细胞核，一直分下去。但是中医的观念不是这样的。在中医看来，人体是完整的。打一个比方，从经络上看，人体就是一个丝瓜，老丝瓜晒干以后，把皮剥掉，也就是把皮肤剥掉，人的经络就像丝瓜的脉络，大的叫经，小的叫络，遍布了我们的全身，里面的那些丝瓜籽，在前面为五脏，后面为六腑，再加上我们其他的器官，在这样的一个肉身之上寄存着我们的灵魂。

那么，灵魂怎么样能够得到优化呢？即使你的电脑配置很高，但如果你安装的软件不好，那么电脑的使用还是很不方便。比如说，你的电脑配置了DVD-ROM，但是没有安装音频或视频软件，那么你就没法用电脑播放音乐碟或影碟。同理，如果你的心灵、脑子没有装适当的软件，或者安装了有毒的软件，那么可以想象，这个电脑的运转就要出故障了。

我们经常会在生活中遇到类似“病毒软件”，一打开，整个系统都崩溃了。比如说生意上的一个好朋友介绍了一桩好生意给你，你很高兴，当你把500万投进去以后发现打了水漂，那么这单生意就是一个病毒软件。

七、生命电视机之正确使用

为什么我们不能自由自在地在地球上过完100年呢？这当中有若干原因。我们如果用电视机来做一个比喻的话，那就是取决于对生命电视机的正确使用。使用寿命的长短首先跟机器的质量有关，也就是与你父母的DNA有关，这部分我们忽略不计。

更主要的是我们自身使用不当，导致机器经常出现一些故障，比如在拥挤的“生命之道”上“违章驾驶”，上帝扣了你的分，所以你在第75年或第80年的时候就得离开。

好比一台电视机，首先是你这台电视机的质量如何，这的确是一个很重要的问题。这台电视机可能老是出毛病，经常要拍一拍踢一踢才能接着看。但是即便你这台电视机本身质量很好，可以用得非常久，可是节目的信号非常糟糕，图像模模糊糊、不清楚，总是只能看到影子，那么这样的电视机也算不上好用。再接着还有一个问题，你收来收去就是8个样板戏，没什么别的节目可看，那么，它的意义也不大。我们的人生也经常遇到这样的问题。那也就是说，人生可能有两种，一种是快乐的人生，一种是痛苦的人生。

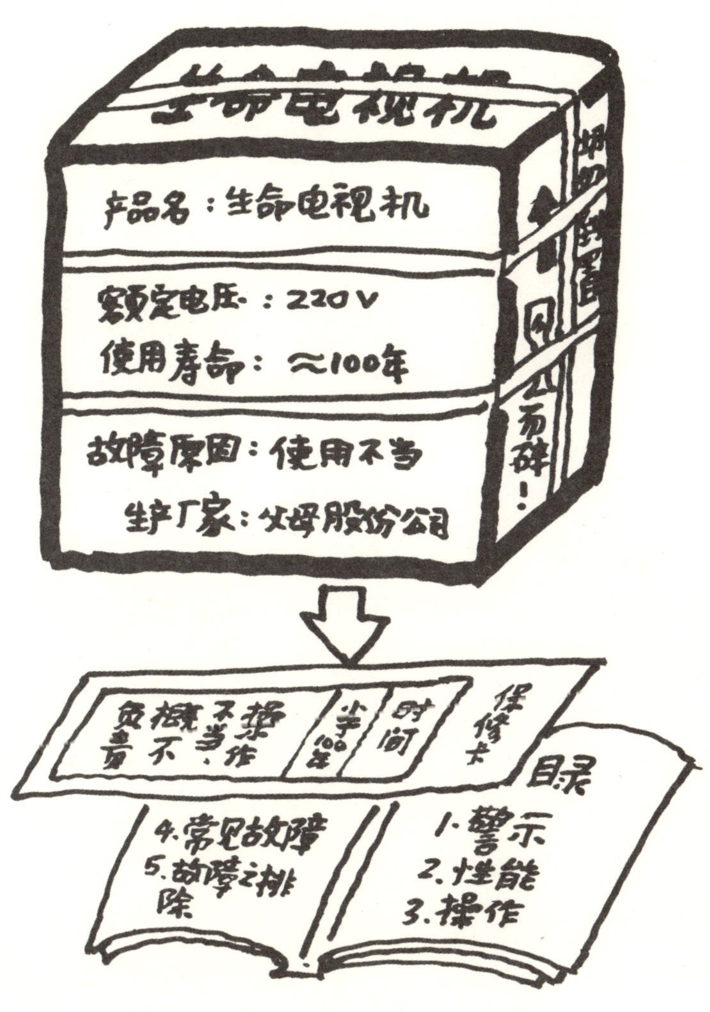
生命电视机
产品名：生命电视机
额定电压：220V
使用寿命：≈100年
故障原因：使用不当
生产厂家：父母股份公司
保修卡
时间
小于100年
操作不当、拆机不负责
目录
1.警示
2.性能
3.操作
4.常见故障
5.故障之排除

"生命电视机"的产品说明

第二章 雷氏“生命偶然定律”

一、追问人生：我是谁？

每一个人生就是每一个“我”。如果我们对人生进行分析，当问“你是谁”的时候，大家都明白；但问“我是谁”的时候，大家是不明白的。

但如果我们细化一下就容易明白了：

我曾经是谁？

我现在是谁？

我希望是谁？

我可能是谁？

我可以是一个怎样的我？

如果我们能回答这几个问题，那么其实也就完成了对自己的一个了解，对过去的、现在的和未来的自己的分析。

1. 命运

有人开玩笑说，穷人爱算命，富人多烧香。每一个人都希望能过上富有而快乐的日子。于是那些关于看相算命的精彩故事一

生命偶然，其原因复杂，但不是所有的错误都不能避免——大部分重大错误是可以避免的。关键在于你没有看过好的说明书，或者看了之后是否仍然错误操作。

传十、十传百，引人入胜。

我们算八字，是以日干为主的，这一点非常重要。我们说的四柱八字，比如说某年是狗年，某年是丙戌年，其中，“戌”就是地支，“丙”是天干。天干就是树干，支和枝通假，天管地，则以天为干，以地为支，因此，在年月日时中，是以日的天干为主的。打比方说，如果你出生的那一天的天干也是丙，那么就说你是火命。为什么出生日非常重要呢？其实是通过你出生的日子，按照十月怀胎的规律来倒推，你可能是哪一天的哪个时辰怀孕的。古人认为，人是在天地之间，受到很多感应，最主要的是交感，即一阴一阳两者互相交感，交感之后产生了一个新的生命，那一刻非常重要，虽然八字记录的是一个时间体系，它其实是通过时间体系来记录一个空间的状态。人是在天地之间的，人在怀孕的那一刻，记录的是不同的星体之间的关系，天干就代表着地球与十个行星之间的关系，这些行星是在不断变化的，它们彼此之间的关系也是在不断变化的，而地支是代表地球每年运转的12个不同角度，每个月、每一天都有12个不同的角度，这样，天干和地支就构成了六十甲子。

命运是什么？就是由几段不同的路程所构成的一个完整的路

程，这就叫作命运。我们把100岁分成10段，每一段叫作运，合起来叫作命，每10年是一个大运，而这10年又分成两段，每五年一个运，分别为天干运和地支运，每个5年中又分5段，每年有一个流年运，比如人家说流年不利，就是指的这一年。这个运是可以改变的，就像一个天平，原来老天给你的一部分砝码，你自己通过努力的话可以使之平衡，甚至可以向你需要的方向倾斜，但是如果不努力的话就会向相反的方向倾斜，所以我们讲“一命二运三风水；四积阴德五读书”，所以，应该是知道命运而努力改变命运，而不是无为。

有句话说，命好不如运好。你生下来的时候，上帝给你的批示说，你只能走这条大道，走A大道或者B大道，那你的命会很好，但是没想到，一会儿这边撞车，一会儿那边塌方，一会儿又是水龙头漏水，结果两条大道都走不了。所以，有时候命好运未必好，当然，最好就是命好加运好，所以运是非常重要的。为什么总有人要抢绿灯？因为你不抢绿灯的话，你就赶不上很多车。举个例子说，我在广州一个著名的“红灯区”上班，那个路段红灯很多，而且时间总比绿灯的时间长。有人统计过，在这11公里之内有8个红绿灯。在这样的红灯区里面上班，自然就会经常遇到堵车，所以，看起来这条路的路况非常好，但是红灯太多，只要你一次赶上红灯，就会一直是红灯，如果赶上绿灯就一路是绿灯，因为，绿灯是根据车流来设置的。

人的命运里面会涉及到很多东西，比如说你学的专业、事业会决定你将来当不当官、当什么官的问题，可谓“十年寒窗苦，一朝成名天下知”，考上公务员，万事大吉；接着是你的婚配，然后是子女，然后会有疾病，会有死亡等等。

追溯过去："我曾经是谁？"
（为自己作一次人生的全面"体检"

一个更好的"我"：经过优化设计的升级版的"我"

一个不够令自己满意的我：过去，哪些"程序"是要删除的？

我可以是谁？
重新界定目标、定位，
规划一个更新更理想的"我"

"我是谁"？

2. 相貌

相学是什么？我们现在容易把相学理解为面相，其实完整的相学不是这样的。相学应该是包含了：身相、面相、肉（骨）相、肤相、手相、声相、情相、态相。前6项是“硬件”，后面两项是“软件”，情相和态相相对虚一点。如果只有好的硬件而没有好的软件，是不行的。我们说一个相学高手最高的段位是看神气、看气色。鲁迅说过一段话：人有一种习惯，一种职业习惯，中医看你是气色好不好，身体健不健康；相师看你是情态如何，神气好不好；刽子手看你是脖子粗不粗，他会想着这一刀下去大概要用多少力。

那么我们刚才讲的那些相有些什么讲究呢？

比如我们说一个人求贵，看会不会发达，看的是眼睛。求富在鼻，一个人有没有钱看他的鼻子。从美学上来说，鼻子太大了不是好事，但是在相学上，我们说鼻若悬胆则是比较好的。男人的蒜头鼻并不漂亮，但一般是有钱的。求权在声。一个人的眼睛和鼻子好还不行，还要声音好。声音如果是金声的，那么这个人日后通常都会发达富贵。我们回忆一下我们的国家领导人，是不是都有点金玉之声？原来当副职的时候并不是这种声音，一转为正职之后声音就变了。我们知道金木水火土五行，土是居中的。北京有天坛、地坛、日坛、月坛，还有一个色系坛，它是由五种颜色的土构成的，中间用的是黄土（因为土的代表颜色是黄），金木水火依次用的是白土、青土、黑土、红土，所以土行的人一旦出现金声的时候，那么就非常好了。相学本身也是一个系统。从美学上讲，一个人要称得上漂亮的话，男人的身高一般必须是7个到7个半头的比例，这样就比较好看，但在相学上，要求并不是这样的，首先要求下巴不要尖，尽量方圆，肩膀要宽。相学认为多数富贵之人都是手比较长而

一个关于相貌的笑话

在警察局里，警察问被殴的伤者，你能描述打你的人的相貌吗?

那人回答：当然可以，我就是因为形容他的样子而挨揍的！

笔者按：打人者，相貌肯定极丑，伤者“哪壶不开提哪壶”，所以挨打。

相貌不正常的人，常常心智也不健全。

如果我形容你的相貌，你不会打我，那么，我祝福你；

如果你打我，那么，我为你祈祷。

腿比较短。另外就是耳朵够长，耳可垂肩，当然不是垂到肩膀，只是形容耳朵够长。耳朵除了看骨头之外，还要看耳垂的肉，越厚越好，为什么呢？因为人种改良，最难改良的是耳垂，培养一个贵族需要3代人的时间，培养一对丰厚的耳垂至少需要5代人的时间，我们可以去观察一下，虽然一个家庭两三代人都败落了，但只要他祖宗上曾很有钱，那他的耳垂还是很丰厚的；再看一下，有的人虽然现在很富有，但是他的上两三代人都是贫下中农，那他本人的耳垂也还是不厚的。

相学上，将人的脸分为三停——上停、中停、下停，然后看它们的比例，一般地说，额头宜高，下巴宜长，这是基本要求，然后骨岳要高，骨岳就是鼻子。从美学上看，颧骨高并不美，但从相学上说，颧骨如果高和尖则是好事。相学认为，没有下巴是贫贱之像，人的富贵贫贱跟面相是有关系的，鼻子高的为贵，下巴朝外的为贵，额头隆起的为贵。

曾国藩不但是一个军事家、政治家，同时也是相学上非常有名的大师。他的一部书叫《冰鉴》，翻译过来就是镜子的意思。曾国藩以“冰鉴”为名，是说看人就像看镜子一样，这本书可以让你看得很清楚。书中比较有名的有两论：神骨论和情态论。神骨就是脸上的风水，包括身上的骨头，然后是神或情。如果光是骨好，草木不生的话，再好也没有用，所以，骨决定基本框架，神是看有没有肉——在骨上看肉，肉上看肤，从中透出神气。所以，曾国藩每次要启用主要的部将，都会先约候选人谈话，谈话的目的不在于谈话本身，而主要是给对方“看相”。

有一次，李鸿章带了3个部属去找曾国藩，让他过一下目，看这三个人能不能重用。曾国藩在休息，没有见他们，但后来对李鸿章说，这3个人都不能重用。李鸿章说，这3个人你都没见，怎么就下结论呢？曾国藩说，他从旁观察过，第一个老是点头哈腰、阿谀奉承，第二个看似恭谨，但是有点桀骜不驯、趾高气扬，第三个在跟人说话时老是左顾右盼，眼神飘浮不定，这样的人心怀鬼胎，再有才能也不能用。

所以，湘军能在当时朝廷风雨飘摇时将洪秀全的部队摆平，其中的一个原因便是曾国藩善于用兵。当然，最基本的一点是善于用人。“千军易得，一将难求”，他手下的将领都非常厉害，也得益于他掌握了相学这个工具。

我有个朋友是4A广告公司的老总，他3次招总监的时候，都请我去把关，但是他并没有接受我的结论，因为他以他的经验来看，觉得其中有些人选不错，尤其是在大公司做过的，认为他手上有客户、有资源，决定把他请过来。我告诉他不行。连试3次，果然不行。后来他觉得相学还是有道理的。

曾国藩说的“情态”主要是辨别真和伪，这也是最难的。

"态"是一种行为学，专门研究分析一个人的动作。我们说眼睛是心灵的窗户，当我们面对面聊天的时候，如果对方能够直面你，那便说明这个人心胸坦荡；如果眼神游移，那就有几种情况了，一是这个人腼腆，性格比较懦弱，有点不好意思；一是这个人三心二意，虽然跟你说话，但心里想着别的事情；还有一种可能则是最危险的，那就是这人心中藏奸。

有个刑警队老队长曾经和我交流，说他总结这20年的工作，发现杀人犯一般具备几个条件：单眼皮、三角眼（很多还是三白眼）和眼神呆滞凶狠。如果眼神不同时具备"呆"、"凶"这两项，一般不至于杀人，除非是防卫失当。比如几年前杀人的大学生马家爵，就基本上符合这些条件。如果只凶不呆，哪怕是黑社会老大，他也会想清楚该不该杀，不到万不得已不会杀，只会弄伤；如果只呆，哪怕脑子有点问题也不会行凶，只有那种长相凶狠，又偶尔会发呆的，最为危险。

放到企业管理上来说，管理无外乎两类：事和人。事可以靠制度，靠决策，比较容易解决，我们暂且忽略。毛泽东说过，今后政策路线的决策关键是干部，就是用人，就要用到德和才。德、才的密码怎么破译？有很多种方法，我们刚才讲的相就是其中一种。当然，这种方法不是静态相学，而是动态相学，必须通过行为举止来判断。骨只是一个外在框架，神、情、态则是内在的、秘密的考察。

霍英东考察下属，首要是看他对父母孝不孝顺。他说，凡是不孝敬父母的，哪怕他再好，我都不敢用他，因为这帮人都是"反骨仔"，都是叛将，到一定的时候就会背叛你。道理很简单：如果连生你养你的父母都不尊重的话，又怎么会尊重你这个老板呢？只是眼下他的财力、能力没有达到那种程度，所以他只能寄人篱下，屈居在你这里，一旦时机成熟了，他就会离你而去，甚至会出卖你。

我们再来举一些相学方面的例子，我们过去讲女人眉粗克夫。我当时认为是没有道理的，后来有一个老师给我解释，说其实这个非常简单，如果去研究眉毛很浓的女性，家里一般是“母鸡司晨”——公鸡不打鸣，母鸡打鸣，老婆老是管老公。老婆的眉毛浓是雄性激素太多，脾气暴躁，而且有阳刚性格，这样一来，慢慢地，家庭角色就发生了变化，主要的事情由老婆来出主意、做决定，甚至跟邻居闹了矛盾，老公不敢出面，由老婆去吵架，这种情况下，老公自然就很压抑了。

另外我们说一个人的嘴唇有几种，一种是平的，一种是上唇长下唇短的，一种是下唇长上唇短的。一般来讲，第一种比较平衡，第二种比较聪明，第三种我们称为地包天——这种人一般要靠后天的奋斗，他们先天的情况不是很好。

我们来观察一个人的脸型。如果鼻子矮而扁，鼻梁骨比较低，下巴向下削，这在相学上被称为贫贱之相。虽然人后天可以受很多教育，但是能够改变的只是其中的一部分，也就是说，如果你的先天条件不好，虽然可能考上清华北大，但是出来以后可能不会有太大的出息，或者他可能学习成绩很好，但毕业之后总是过得不顺，等等。像这种情况，我们当然可以归结为人在智商之外还需要情商等种种原因，但中国古人认为还可以从相学上找到一些原因。

在相学中，对女性的要求又是另外一套。女相主要看臀部大小，臀部对应的是坤卦。如果盆骨宽，则生小孩顺畅，这大概是因为古代难产或生下来养不活的事例非常多，所以古人对女性的臀部有特别要求。其次是对鼻子的要求。相学中认为女子鼻大旺夫，其实女人鼻子大并不好看，但是我们注意看一下，我们常说某对夫妇有“夫妻相”，老公有富贵之相，老婆也有富贵之相，那么这个家庭无疑会非常好。

3. 姓名和人生

我们常常看到周围有些人根据姓名五格剖析法改名字，尤其是很多家长会为自己的孩子改名字。其实五格剖析这种方法错漏百出。为什么会有人信呢？很多人觉得八字太复杂，学不懂，而这种五格剖析法则很容易，你只要把名字的笔画一数，然后像查字典一样去查，就知道你的名字好不好了，不好的话，就改个名。现在通用的这种姓名五格剖析法，分为：天格、地格、人格、总格、外格，主要算的是笔画。以往的姓名学是看姓名的阴阳五行，比如名字里头出现了金克木，就说明人体内的肝和胆可能要出问题，或膝盖以下会受外伤，或小孩的学习成绩不好等等，出现这些情况是弥补或平衡的。但是五格剖析法就比较固定。这种方法是怎么来的呢？有个日本教授发现，日本人

人生的必由之路

的名字一般有四五个字，不能采用中国传统的阴阳五行法，于是转用笔画的方法。这是100年前的事情。到了上世纪70年代，有个台湾的教授，就把它引进到台湾并翻译了，80年代改革开放后又把它引进到了大陆。我说这种方法是不可信的。

二、雷氏“生命偶然定律”

1. 生命渺小定律

人生苦短，红楼梦说“纵有千年铁门坎，挡不住一个土馒头”。庄子说：你不能跟一种叫朝菌的虫子讲一天的概念，你跟它讲一天是怎么回事，一个季节是怎么回事，一年是怎么回事，它不懂，因为它过不完一天就死了；彭祖能活到800岁，但有一种树，8000年对它来说只是一个季节，它的一年是32000年，你要是去跟彭祖讲这种树的“大年”，彭祖也是不懂的。

我们来看看人类的历史。假设地球的历史是一条长线：以0－60分钟计，人类在什么时候出现？是在最后一分钟的最后一秒，出现了一个叫人的生物。如果放在地球的历史当中，人本身只有极其渺小的一点。我们把这一点放大，就会发觉史前文明可能存在了至少10万年，而近文明史，中国人说有5000年或者8000年。中国是有五千年的文化古国，那么，相比而言，人生百年又算什么呢，只占其中很小的一点而已。因此，在上帝看来，人生必定仅仅是朝菌。

放大到整个人类历史上，人生百年更是微乎其微。因此，从上帝的角度来看人，就好像人看蚂蚁。我们看蚂蚁，经常会觉得很可笑：从A到B两点之间明明很短，简简单单地就可以爬过去，但是蚂蚁不能，它要绕上老半天才能到达。同理，上帝看人也是如此：人类经常干傻事。你从天空看广州，白昼，甲壳虫爬满了每条通道，夜晚，这些"虫子"又塞满了每一个蜂箱周围。这些甲壳虫是从哪里来的呢？是人类制造出来的。人类还要花很多钱去购买它，用它时又往往惹上一肚子气。人类老是给自己制造一些麻烦，我们得到一个好处、得到一次进步，但是同时更可能带来两到三个问题。汽车带来了一些交通上的便利，但它也同时带来了污染，带来了车祸，带来了经济支出的紧张，带来了噪音，带来了下肢萎缩综合症，带来了心理闭合症等等等等。简而言之，你得到了行动的便捷，但是更多车的出现带来了更多人行动的不便捷。

2. 生命玻璃定律

按道理说，人的寿命至少应该超过100年。科学研究表明，按照灵长类的规律，人类理想的寿命应该是160岁，还有一种说法是140－160岁。不管怎么说，活到100岁应该不成问题。但是理论上的生命长度和实际生命长度之间产生了错位。

生命脆弱是因为有生老病死：老，是机器的自然磨损；病，是半健康状态，半生存状态，或者叫做"半死亡状态"。因此，极而言之，人生是一种"无法保障的生命"，或者叫"玻璃生命"：它非常脆弱，一次禽流感就可以把人的肉体跟灵魂毁于一旦。

也就是说，我们的生存经常伴随着危机和风险，这种危机和风险有时候仅仅是一些意外。比如，我有一个朋友，是个做房地

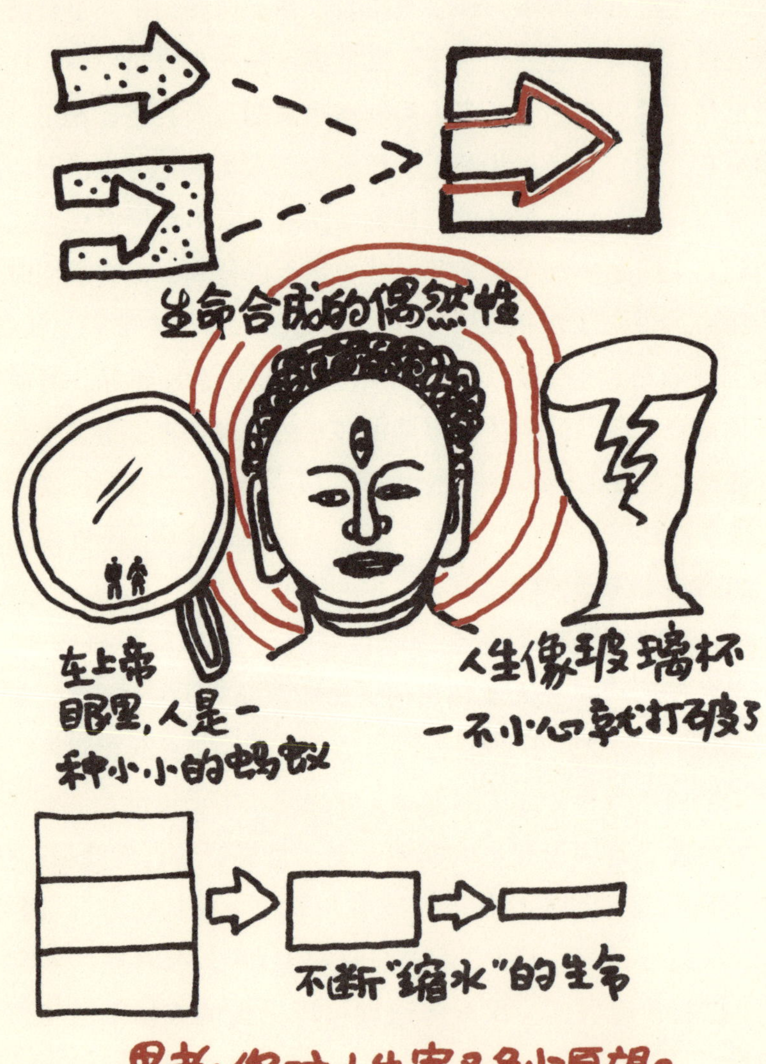
生命合成的偶然性
在上帝
眼里，人是一
种小小的蚂蚁
人生像玻璃杯
一不小心就打破了
不断"缩水"的生命

思考：你对人生寄予多少厚望？

产生意的亿万富翁，在5年前的中秋节深夜出车祸死了。

我们说人生无常，确实，在上帝看来，人大概无殊于一只蚂蚁，或者一个易碎的玻璃杯。

3. 生命折扣理论

A. 生命三段论——人的三个25年

人生这趟旅游看起来非常长，但我们来分一下，给它打一下折，看它究竟有多少。按照现在的统计数字，中国人的平均寿命大概是75岁，我们把75岁划分成3个单元：0 — 25岁、26 — 50岁、51 — 75岁。现在读完研究生的年龄刚好是25岁，50岁以后就基本退休和进入人生的晚年，所以，人生最好的地方是中间这一段。这就像甘蔗，50岁之后是甘蔗的尾部一段，太硬，有很多节，还有很多泥沙，不能吃；而25岁之前是积累的时候，不够甜，现在的小孩从生下来，学走路、说话，到小学、中学、大学、研究生，基本上就25岁了。这样看起来，真正甜的只有中间的25年。

B. 生命三分说——做事、睡觉和休闲

我们把这最有效的25年放大：必须用1/3的时间用来睡觉，1/3的时间是8小时工作之外的，所以，多数人用来工作或者为事业奋斗的时间通常只有25年的1/3，约等于9年。

C. 生命三态说——有效、半效和无效

我们把这9年再放大分析，就会发现在任何时间做的任何事情，都不是百分之百成功或者有效的：第一，我们有可能失误，甚至是完全失败；第二，我们工作时并不聚焦，做事的效率并不高。根据这些情况，我们把这9年时间打个7折，等于只剩下了6年。

我们这样来计算人生，只是简化到了不能再简单的归类法，其实更科学、更合理的分类法是三分法：短波跟长波之间有个中波，甚至可以向两端延长，有超长波、超短波；在导体跟绝缘体之间有一个半导体；在赞成票和反对票之间有一个弃权票；在红灯和绿灯之间有个黄灯；在是跟非之间有个不置可否；在好人跟坏人之间有不好不坏的人；股票有牛市、熊市，中间还有一个不牛不熊的阶段；当用电脑处理事情的时候，有三个选择：是、否、忽略……

我原来出版过一本《十分钟周易》，书中我画了一个三色的太极图。我们常见的太极图一般是一黑一白两色的，但是我认为这样不够。传统的太极图简单化了，其实它中间还应该有过渡地带，也就是说，在阴、阳之间，还有一个半阴半阳。

4. 生命失控定律

A、不知向哪里去（方向失控）

我们经常处在一种失控状态，比如当我们反思人生的时候，不知何去何从。

每个人都很忙，读完书、找工作，但是不知道自己为什么要在这里，为什么要这样做，最终又会去哪里。

大家都非常熟悉的金庸先生的武侠小说《射雕英雄传》里，讲过这么一段情节："西毒"欧阳锋在黄蓉的诱骗之下逆练《九阴真经》，练得走火入魔，武功很高了，可是神智却越来越不清醒，在华山绝顶上参加第二次华山论剑的时候，终于疯掉，连自己是谁都搞不清楚。这当然是一种极端状况，他执着于心中的那个

A
生命三段设定

0－25岁 | 25－50岁 | 50－75岁

B
时光三分假定：

睡眠：8 | 做事：8 | 其他：8

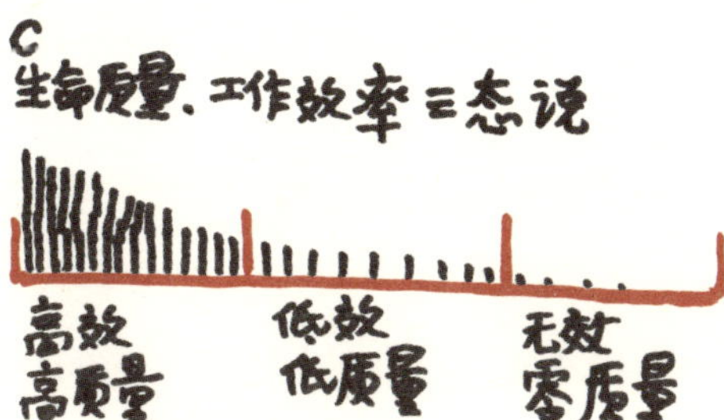

生命的第三次折扣：8～9年 ÷2≈ 3～4年

“我”，反而认不清真正的自我；执着于成为天下五绝之首的这个“名”，却终致疯狂，陷入了一种可悲可叹的失控状态。同样有意思的是，《射雕》里的主人公郭靖目睹欧阳锋陷入疯狂，勾引起了他自己关于人生终极问题的思考：他想起自己为父报仇而学武功，想起师父们自小给他的教导，然而父仇报了之后，学会的武功还有什么用？我为什么要在这里？我最终又会去向哪里？我是谁？可以说，这个时候的郭靖，就正处于上面提到的那种失控状态中，他反思人生，却不知道该何去何从。所幸他有一位很好的女朋友黄蓉和一位很好的老师洪七公，大家一起将他从这种失控的状态中拉了出来，并且最终确立了自己的一套人生观和价值观，也找到了一生可以为之奋斗的目标。

为什么要谈这个例子？欧阳锋是一代武学宗师，郭靖后来是一代大侠，尽管他们只是小说中虚拟出来的角色，但是，透过金庸先生精心编织的情节，我们可以看到，即使是武学宗师、一代大侠，有时也无法避免自己人生的方向失控。当不经意发生的一件事让你既有的人生轨迹发生某种错位，或者长期以来形成的观点忽然无法在现实面前站住脚，那么陷入人生的失控状态也就在所难免了。

B、被看不见的手操纵

人生常被一只看不见的手所操纵着，这就是命运。遗传得来的相貌、智力、健康状态，后天的生长环境以及某些机遇与偶然性，种种因素互相作用，才成就了今天的你。

古人面对自己的人生，时常产生宿命感，即对“命运”的无可奈何。但是，如果一个人的一生是“命”、每个阶段则是“运”的话，“命”虽不可掌握，但“运”却是可以改变的，如果我们能把每个阶段的“运”掌握得好的话，那么命的总量就会是好的；可惜没有人能够完全掌握，我们人生天平的砝码至少有一半是掌握在“上帝”的手里。

每一个人“投胎”都有不一样的情况。首先是你的时代，生于乱世跟生于盛世是不一样的；其次是你的家庭，生于一个有钱人家跟生于一个贫穷人家是不同的，所以人们常说“同人不同命”，或是“人比人气死人”之类的话。比如说，某个小女孩，长相丑陋，而且被父母抛弃了，那么这个小孩应该是很苦命的，没想到有善心人来领养小孩，把她带走了，给她提供了良好的生长、教育环境。可见，人生很多时候被看不见的手操纵着。

我们每个人的出生都是很偶然的。依此类推，我们的父亲和我们的母亲，他们来到这个世界上也是很偶然的。我们每一个人都是一个巨大的生命链当中的一环。如果你从自己这一代往上数5代，就会发现，你的身上带有16个人的血统，也就是说，如果他们当中的任何一个人当初做出了另一种选择，就不会有今天的你。这个命题看起来很玄，但它让我们感觉到了人生的不可控制，认识到人生有很多东西是在我们的意志之外的。

C、无知

人生的失误，换种通俗的说法，就是人生可能会遇到的一些“病毒软件”。我们现在经常受到病毒的侵袭，电脑一打开就提示中毒了，随后，整个系统都崩溃了。病毒软件发作有两个原因：第一，你愿意接收它，认为它有用，很有诱惑力，为利所惑；第二，它本身带有欺骗性，带有危机，带有毒素。

现在一些青少年的吸毒和“IT吸毒”，最初也源于好奇的无知或无知的好奇。

“智者”，首先必须是“知者”，在古文里面，“知”和“智”这两个字是通假的，先“知”而后才能“智”。

上面，我们说到人生的背后有“一只看不见的手在操纵”，而这里，说的则是有形的手。如果前者可以归罪于老天，而后者，只能怪你自己。

生命的偶然，其原因很复杂，但并不是所有的错误都不能避免——其实，大部分重大错误是可以避免的，关键在于没有看过好的说明书，或者看过之后还照样错误操作。

那就只能怪你自己了。

第三章 雷氏“生命无奈定律”

一、福分透支定律

1. 福分透支定律

我们可以这样说，每个人都随时面临一个两难的境地。我们无法确知自己的福分总量是多少。假定每个人到这个世界上来，上帝都事先给了一张卡，可能是巨额奖项，也可能是中等奖项，也可能只是安慰奖，这些卡表面看起来是一样的，但每个人都不知道这张卡里面到底有多少钱。

你拿到的这张卡，只限本人使用，不管里面有多少钱，如果这一生用不完的话，是会收回的。如果你只用了其中一半，浪费了另一半，就会有点可惜；假如本来的金额不多，而你却透支了很多，那么是会被罚款的。我有个朋友，每次晋升之前都会出一次车祸，这很可能只是偶然，但也可能是因为他的每次提拔都像是一种“透支”，是一种无形的“罚款”。再比如，在一些子女众

> 得宠思辱，安居虑危。
> ——《增广贤文》

人生有种种的遗憾，可以简单地归纳成这样几个字——夭、贫、贱、碌、孤、累、独。“夭”就是生病、早死、短命；“贫”是没有钱；“贱”是地位低下、没有出息；“碌”是太劳累；“孤”是中年丧妻，晚年丧子；“累”，就是不美满；“独”是亲人不和。

多的家庭，如果当中有一个特别突出的，那么其他的孩子里面很可能就会有一两个不好的，这也是一个均衡原则：一家的福分只有那么多，有一个孩子太厉害，其他人很可能就会被扣分。我把这种情况比喻成生命的“透支”和“罚款”。比如，有位很出名的歌星，她的妹妹就是个哑巴；某位非常伟大的政治人物，他没有后代。当然，并不是每一个人都如此，但是，祸兮福所倚、福兮祸所伏，这大概可以说是福分的一种平衡效应。

为什么会提出这样一个命题呢？其实是来源于两种角度：观察角度和理论角度。

从观察角度来说，我们能看到很多例子：有些人可能一辈子在某些方面特别得意，却在另一些方面特别失意；或者说，一个家庭里面有很多家庭成员或几兄弟，其中一人可能非常成功、非常顺意，而家族中可能就有其他成员非常失意，付出了很多“负数”的代价，这些代价和那个得到很多“正数”的成员所获得的成就相抵，由此得到了一个和平均水平相似的结果。

如果从理论的角度来说，则主要来源于佛教的一种说法。佛教说“惜福”，就是要普众爱惜自己的福分。这和爱惜粮食是一个道理。“锄禾日当午，汗滴禾下土，谁知盘中餐，粒粒皆辛苦”，指的是每一颗粮食都得来不易，所以我们应该爱惜每一粒米、每一颗饭，这是很多成功人士都在坚持的一种美德。

在这方面我可以举一个例子，就是霍英东先生。他的午餐通常非常简单——和大家一起吃盒饭，甚至当有客人时，也是如此。他的秘书常常还会特别交代客人："吃饭的时候，一定要吃多少就装多少。"这是因为霍英东先生认为，如果装太多却吃不完而留下剩饭，是极其浪费的行为。

关于这一点，还可以再讲一个故事。从前有两户人家，其中有钱人家住在高处，贫穷人家住得比较低矮。这户穷人很善良，他们信佛；而住在高处的富人不懂得惜福，每天都会把吃剩的饭倒进水沟，直接冲走。这些剩饭流经住在低处的穷人家，他们觉得很可惜——虽然他们并没有穷到吃不上饭的地步，但觉得富人家这么浪费东西是很不应该的，于是每次都把这些剩饭捞起来，洗干净、晒干了，一箩筐一箩筐地存起来。

过了几年，这个地方发生了大饥荒，人们山穷水尽，甚至到了人吃树皮甚至是人食人、易子相食的地步。那户有钱人家此时已经沦为乞丐，而贫穷人家却因为惜福，储存下不少东西，反而可以施舍乡亲。因为远亲不如近邻，所以最先得到施舍的就是原来住在高处的那户富人家。富人得到施舍救济之后，当然感恩戴德。穷人告诉富人："其实我只是把你当年倒进水沟里、顺水流过我家的米饭重新还给你而已。这件好事应该还是你做的，因为这几年从你家的水沟里流出来的这么多米饭，已经救了很多人。"惜福，是佛教的一种说法，它背后的理论依据就是人的福分是有一定的总量的。

我们仔细观察周围的现实生活，也会发觉一些在这方面比

人生某些错误
芝麻大的种子
可以变成一棵参天
大树
看你
种的是
什么错误

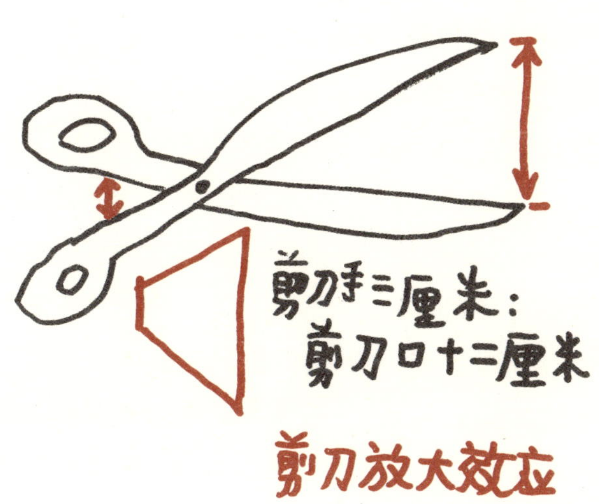
剪刀手三厘米：
剪刀口十二厘米
剪刀放大效应

较典型的例子。有一些人，官当得很大，但他可能有极大的缺憾——或者生下来的孩子身有残疾，或者是家庭极其不幸，或者在外面威风八面，回到家却要面对“狮子吼”。官员是这样，企业家也是这样。

从宗教的角度来看，研究佛学的人都认为这种现象可以看作是出于平衡的需要。假如你的总福分是100分，如果你在财富方面一下子占去了50分，那么可能在情感或其他人生乐趣方面所能享受的分数就少一点；反过来，如果你非常爱惜你的福分，在每个方面都战战兢兢的，任何时候都谨记某一方面的福分必定会带来另一方面的副作用，那么，也许福分就会分布得比较均衡一些、受用得比较克制一些。确实，福分具有两面性，它像一把双刃剑，当你不心疼它的时候，它可能就会报复你。

2. 人生错误的剪刀差效应

剪刀差是什么呢？只是一种数学模式。打个比方说，你曾经犯了一个错误，相当于在剪刀的一端打开了一寸，那么在剪刀的另外一端等距的地方，会出现一种放大效应。假设这把剪刀很长，你当年犯下的一寸的错误，在很多年以后就有可能造成三尺的后果。我们可以看到很多这方面的例子。所谓“一失足成千古恨”，当你在关键时刻、在十字路口做了一个错误的选择，那么你就会付出很大的代价。比方说在文革时期，很多人可能是出于无知或出于政治投机的需要，做了一点坏事，那么他们很可能一辈子都必须为这点坏事付出代价。再打个比方，有个人本来应该活得很好，但因为某一次不小心而感染了艾滋病，那此后还能再幸福地生活吗？

总之，人生当中有很多事情是可以忽略的，但是有些事情可能会影响你一辈子。有些错误的后续影响非常大，我们尤其要注意避免犯这样的错误。

二、生命墨菲定律

1. 题解墨菲定律

A、阶段大错位：有牙没豆、有豆没牙

我们的思路经常会被一些固有的东西所牵制。事情永远不会减少，只会增加。比如，你计划用28天来完成一项工作，结果发现需要做32天才能完成。我们在按计划工作的同时，会不断有很多意外的事情加进来。所以，如果老想着等明天再去享受的话，你会发觉有一个错误——当你有牙的时候，没有豆子可吃；当你精力很好，可以到处去玩的时候，你却没有钱；当你有钱和充分的时间了，却有很多事情你已经办不了了，很多地方你已经去不了了，很多乐趣你再也没有那样的心情、没有那么年轻的心态去感受它了。

所以人生是错位的，“有牙的时候没有豆，有豆的时候没有牙”。所以“现实原则”就是“当下便是”，你该做的事情，该享受的东西，就应该去做、去享受，过好每一天，因为有些东西是不可错过的。趁着现在有牙的时候多吃一点豆，免得等牙都掉光的时候，看着别人吃豆，发一些没有用的牢骚和感慨。李商隐有两句诗“夕阳无限好，只是近黄昏”。很可能在你自觉很好的时候，黄昏已经到了，所以古人都说，“春宵一刻值千金”，人生春天，每一分钟都是花钱也买不来的。但是，这句话似乎经常只有老年人才能够深刻体会到。

常常有人批判享乐主义的观点。我倒觉得这是对的，关键是当你享乐时，万勿影响别人享乐，而且最好能够让其他人也跟着你一起快乐。

B、宝贵经验失效论

所谓“经验”，就是人所经历过和验证过的。从理论上说，人生经验是可以代代相传的，但是实际上有很多人生经验在传袭的过程中遇到了障碍。比方说一个人经历了一次失败的婚姻，但是当他把自己的经验教训说给儿子听时，会发现儿子或者可能根本就听不懂，或者可能心理上存在抵触情绪，或者也可能是自以为懂了，所以才会代复一代地重复着一些相似的悲剧。

婚姻是一个典型的例子。我们经常可以发现那些父母的婚姻不幸的，子女的婚姻也经常不会太好。为什么这个比率会这么高呢？本来父母遭遇了婚姻不幸之后，应该会语重心长地提醒儿女，选择未来伴侣必须慎之又慎。但是，从儿女的角度来说，存在几种可能：一种是没有亲身经历过，实际上很难去判断自己选择的对象是否正确，比如说，儿子遇到了一个女孩，从旁观者的角度来看，女孩其实并不适合他，但是处在热恋中的男子认定自己是非她不娶的，也认为对方是非他不嫁的，彼此都是对方最合适的人选。谚语说“热恋中的人智商等于零”，这话实在是极其正确的，因为热恋中的人往往会凭一种感觉、一种冲动去行事。

第二种，可以叫“矫枉过正”说，父母的宝贵经验非但不能真正传递给子女，反而产生了完全相反的作用。比如父母由于婚姻不幸，尽管一再小心告诫儿女，却极可能导致儿女在面对婚姻时候产生了另外一种负面影响，譬如“婚姻恐惧症”，这就是小心得过度了的典型。所以有很多优秀的男人女人，他们最终无奈地走上了独身的道路，可能正是因为看到了他们上一代人的这种不幸婚姻，而无法找到心目中安全合适的婚姻人选。这是以婚姻为例。

其实还有其他方面，比如职业。如果一位父亲，他找了一份错误的职业，并且认为这份职业浪费了他生命中的很多时光，让他一辈子总是在做一些自己不愿意做的事情，比如说为人作嫁衣，给人家做秘书，总在材料堆或者故纸堆里忙碌，好像俄国作家契诃夫笔下的那位可怜的公务员，一辈子都只为稻粱谋，结果在临死时回顾一生，觉得活得非常没有意义，那么，他可能就会让他的子女去从事另外一种职业。按道理说，这种经验应当是可靠的，但是反过来说，子女在使用这个经验的时候，可能使用另外一些错误的借鉴方式。比如说，要求勿做公务员，最好选择另外的职业，那么子女可能就会去选择在当时的时代背景和环境条件下自以为正确的职业，其结果呢？改革开放之初的文秘专业、公关专业，还有上世纪八九十年代的外贸英语、企业管理等等这些专业，当时都曾经热极一时；但是选择这些专业的很多人很快就发觉，这些专业并非自己所热爱的，这就导致了很多人生挫折，最后不得不改行。

所以说，尽管从理论上说，人类的经验都应该能够代代相传，或者说，上一代的教训下一代人应该是能够避免的，但是，每一代人在真正遇到需要做某种决定或选择某种人生道理时，都会更多地依赖于自己的判断力，依赖于自己的人生观。这就造成很多上一代人的宝贵经验和教训不能得到继承和纠正。当好的经验不能成为一种借鉴，坏的经验不能成为一种教训时，在同样的事情上所犯的同样的错误也就难免代代流传了，而那些经历过无数错误后才获得的宝贵经验，自然也就等同于失效了。

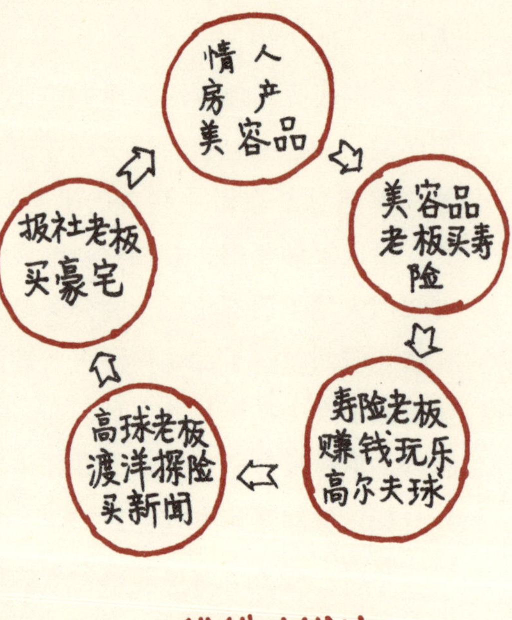

纷纷为钱忙

C、生命怪圈论

生命的墨菲定律还有许多。有一个搞笑的说法：一个房地产商把他赚来的钱交给他的情人，他的情人去做了美容；美容院的老板把赚来的钱交给他的情人，他的情人去买了汽车；汽车行老板把赚来的钱交给他的情人，他的情人去看了牙科医生；牙科医生把赚来的钱交给他的情人，情人把钱交给房地产商买了房子——这个世界又绕了一个圈，我们经常是无事忙。

这就像是“第一张黑色的多米诺骨牌”，早上的闹钟坏了，晚了五分钟，后面的事情就会跟着乱，打错了领带、上错了车、到公司打破了杯、发错了文件，最终得到一个处分。

我们很多女士觉得自己不够漂亮，所以要耗资去做美容，化妆品一定要用比SK-II更高级或更高价的，穿衣服一定得是法国名牌，至少是欧洲名牌。为了这些，她需要积累很多的钱，所以就拼命奋斗，但那种奋斗的结果是怎么样的呢？睡眠不足、压力太大，因此面黄肌瘦，然后就又去做美容，这样就形成了一个恶性循环。

解决这种恶性循环的办法是狠下心来，中间打破。如果你懂得美丽是靠来自你自己的调养这个道理，那么现在开始就要注重休息调养。这就像电脑自动休眠一样，它累了，需要休息，于是它就开始打瞌睡了；可我们人类则经常不是这样的，明明特别累，但硬是不让自己打瞌睡、休眠，赶快抽一支烟，喝一杯咖啡，又开始工作了。所以，要停止恶性循环，就要打破它，让自己的身心得到解放和休息。

下面这些一家之说，可能会对我们有所启示：

“贫穷的富翁”：富翁可能是最穷的，穷人可能是最富的。一个老渔民在海边打渔，但可能每天都在享受，一个富翁拥有大笔财富，但可能一辈子都在劳碌。西方有一个这样的著名故事：一个哲学家在海边看到一个渔人躺在那里晒太阳睡大觉，就问他：“老人家，你为什么这么懒，不去多捕一点鱼？”渔人就问：“捕那么多鱼干什么？”哲学家说：“你可以赚很多钱买一条大船啊。”渔人又问：“买了大船干什么？”哲学家说：“买了大船可以捞更多的鱼啊”。“捞更多的鱼干什么？”“捞更多的鱼可以赚更多钱啊”。“那我赚那么多钱干什么？”哲学家说：“到那时候你就可以好好享受了。”渔人大笑：“我现在已经在享受了。”

“为美容的毁容”：现在美容成为一种时尚，但是最终，很可能都会像麦克·杰克逊一样。

“好事与坏报”：很多人会问做了好事为什么会有坏报。其实好报可能是隐形的，如果出现了坏报，也并不是因为做了好事。

2. 生命六大难题论

A、生命三大陷阱：财富、功名、勤奋

我们的生存遇到的第一个问题，可能就是中国社会目前的一个大问题：财富跟贫穷之间的差异。过去我们老是不懂“上无片瓦下无寸土”是什么感觉，现在发觉寸土真的是非常难，寸土就是金。

我在给某银行的VIP客户讲课时说，祝贺在座的各位，因为你们都是人中龙凤，能够成为某某银行的VIP客户。为什么呢？因为在中国，90%的财富集中在10%的人的手中，其余10%的财富则分散到90%的人手中，这是一种不公平的财富拥有状况。我们的社会中有很多的不公平现象，在财富问题上表现得尤其分明，而且这一问题衍生出了其他的问题，比如说教育，也会因为我们现在这一代人的不公平，而带来下一代的不公平：有些人的小孩很小就送到美国、英国，送到剑桥、哈佛去受教育，但与此同时，还有很多小孩正光着屁股在泥里打滚。

财富是利，虚荣的需求是名。男人除了需要养家糊口、需要金钱之外，还需要有一个功名，也就是说，要有一定的社会地位。名也是一个非常拖累人的东西，比如我想挂名一个私营企业协会的会长或副会长，那我就要捐出50万，为这50万我就要去奋斗等等，这些繁琐的问题会让你总是处在一条恶性循环的链条中。

男人在功名、金钱和健康之间挣扎，所以，其实男人比女人更累。做女人挺好，做男人也挺好，做女人很累，做男人也很累。

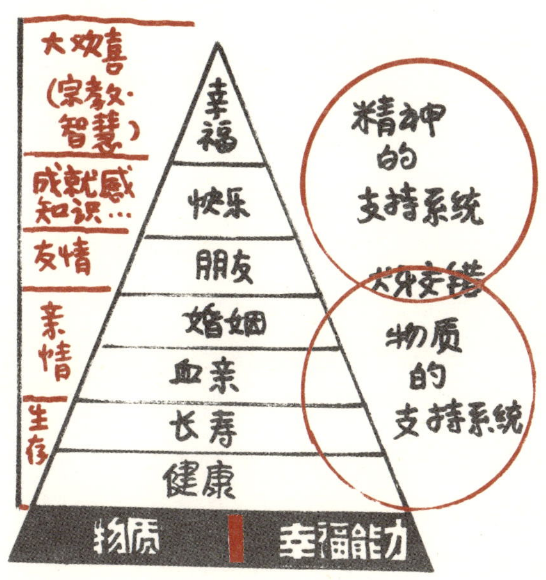

B、生命三大变数：事业、情感、健康

生命有三大变数：事业、情感和健康。

先说事业。

成功的企业家当年为什么会去办企业？可能是朋友介绍；也可能刚好在某个特定的时候，被一件意料之外的事情触动了等等。我有一个朋友，石油生意做得非常大，他是怎么起家的呢？最初他是和另外一位朋友一起经营一间加油站，后来那个朋友不想做了，想去干别的事情，无奈之下，他不得不接过加油站独立经营。他运气很好，接手加油站之后，油价就开始上涨，慢慢地他追加资金，收购了更多的加油站，后来发现没有自己的油库不行，就买油库，不够用就扩建，接着又买了油码头，仍然觉得不够，于是又买了油田。就这样，一个偶然的机会成就了一个富翁。

还有一个成功的因素是契机。比如说，当年深圳有个老太太，她好心把别人不要的股票都收下来，后来一下子就成了千万富翁。

又比如饶宗颐先生。有人问他，别人一个领域都做不过来，为什么唯独他在十个领域中每个领域都可以独称大师？他想了半天说，可能因为我没有读过大学。对方就觉得很奇怪，为什么没有读大学能够成大师？他说，如果读大学，我只有一个方向，因为没有读大学，所以我没有方向；如果读大学，我可能只学得会一种方法，因为没有读大学，所以我学会了十种方法。“没有读大学”成了饶宗颐先生获得日后成就的一个契机。

我们再来谈谈情感。

现在很多家庭矛盾都是由于夫妻间的沟通不够造成的。夫妻缘分是说不清的，但天下没有绝对美满的姻缘。我觉得这不是一个悲观的说法，反而可以说是一种积极的思维。当你认同这个前提后，你可能就会珍惜眼前的这一段婚姻、这一段感情。对于感情和婚姻，我想用毛巾来打比方。我最舍不得扔的就是旧毛巾，毛巾最好用的时候就是它快破烂的时候，那时候手感特别软，覆在脸上的感觉也特别柔和，所以，毛巾越是到特别旧的时候，我就越是特别细心地使用，以便它能多用上一些日子。大多数夫妻也是一样，彼此之间到关系最好的时候，大概就已经时日不多了。

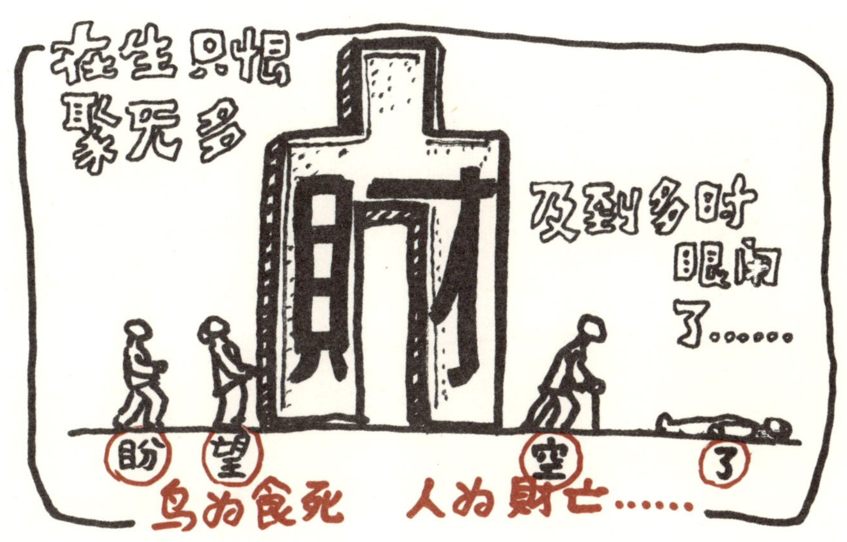

至于第三个变数“健康”，其实是一个不太容易说得清楚的问题。按道理，只要保养得当、生活起居有规律，应该就能有一个比较健康的身体，而且能够比较长寿。但是事实并非完全如此。也就是说，我们通常认为只要物质条件好就能健康和长寿，但是实际上，我们会发现，在很多很贫穷的地方，反而多长寿老人，比如生活在山区地带的少数民族。在那些地方，甚至连水电都不通，其物质条件的贫乏，就可想而知了。但他们在这种情况下仍能够长寿，并且多数人都很少生病。这是其一。

其二，还有一些变数是我们说不清的，比如，有一个可能是国家级或省级的运动员，有一天忽然被发现得了一种致命的病症。这是一个很极端的例子。如果你认为仅仅通过锻炼就能得到健康，那么，事实上有很多一直坚持长跑或其他各种各样锻炼形式的人，最终也并没有得到他所需要的健康，这又怎么解释呢？因此，健康是具有很大变数的，它可能关系到遗传，以及你的生活方式、营养和自己的卫生观念，其中包括如何防病等等。我们的卫生观念除了对疾病的防治之外，肉身的健康还有赖于正常健康的心态。但是不管如何变化，如何有变数，总之对于人来讲，事业、财富、健康总是最重要的，我们要尽一切力量、办法和途径来追求健康以及追求长时间的健康，也就是指长寿并健康或健康并且长寿，这样就必须着力排除可能干扰健康和长寿的负面因素。关于一个人的健康会面临多少难题和变数，会在我的另外一本书里面细说。

我们经常过得不好，虽然以前很穷、没有名气，但会觉得很快乐；而现在有钱、有房子了，觉得还是觉得不快乐。有很多夫妻平时关系很好，但是等他们买到了一套很好的房子、商量着怎么装修时，问题就出现了，结果是，房子装修完成了，婚姻也结束了……

人生有种种的遗憾，可以简单地归纳成这样几个字——夭、贫、贱、碌、孤、累、独。夭就是生病、早死、短命，其反面是健康长寿；贫是没有钱，其反面是富有；贱是地位低下、没有出息，其反面是贵气；碌是太劳累，其反面是清闲；孤是中国的传统说法：中年丧妻，晚年丧子；累，就是不美满，其反面是美满；独是亲人不和——很多人虽然并不“孤”，但是很“独”，比如，家庭不和谐，有老婆等于没老婆，或是有老公却形同陌路。

3. 婚姻或然论

A. 选择伴侣的难题：高不成低不就

婚姻是非常重要的，但是，在婚姻上遭遇不幸的人太多了，中国的离婚率在世界上也算是比较高的。这种现象可以从两方面来看：一方面，这种离婚率的不断攀升，是因为大家对婚姻已经持一种比较开放的态度。从前认为一男一女一旦走到一起就要白头偕老，从一而终，哪怕是找错了，是一个错误的婚姻，也必须要坚持到底，所以造成了很多“死亡婚姻”——貌似一男一女住在一起，一起生儿育女，但是实际上两个人之间的感情和婚姻已经死亡了。换句话说，从前这样维持“死亡婚姻”的夫妻比较多，是凑合在一起过的。现在，当整个社会对于婚姻逐渐开始持开放态度的时候，不堪忍受“死亡婚姻”的人们自然就会选择以离婚作为一个了断。

从另外一个方面看，中国人在婚前对自己的婚姻做出了太多的错误判断。所以，这种情形可谓之为“婚姻或然论”，就是说，你在婚姻上的判断可能错也可能对，但是错误的几率非常高。这是为什么呢？原因脱不了以下几种；第一，高不成低不就，或者叫“拾麦穗”原则。就是说，你并不知道你该找的伴侣是一个什么样的人。你当然希望能“高”，可未必能够成。你看上一个很

婚姻的三个阶段

一离婚者，在向朋友们谈论婚姻的滋味时说：

“婚姻的生活有三段：起初‘相敬如宾’，继而‘相敬如冰’，最后‘相敬如兵’。”

笔者按：别相信他的话。古人说：竹笋是嫩的好，老婆是老的好。

磨合久了，机件调适好了，坏夫妻也成了好夫妻了。

再说，他显然是南方人：“冰”和“兵”音为bing，而非bin，由此可知，北方人不在此列。

好的女孩，这个女孩却看不上你，而“低”的你又不愿意。所以有一种说法，就是女博士是独身群落。为什么呢？因为女博士一般不愿找比她学历低太多的男人，而男人又大多不愿意娶学历比自己高的女人，两方面的错位造成了女博士这样一个群体的独身率比较高。

不过我们所讲的寻常人的“高不成低不就”，关键是指缺乏对“高”、“低”的相应的尺度，连自己都很难说清哪一个、哪一类最是适合你的。

这就是“拾麦穗”原则。你根本就不知道在你一生当中最适合你的那个人什么时候出现，或者说眼前出现的这个人是不是属于你的。你经常是不得不做出选择，你无法赶到时间的前面去回顾一路上遇到的那么多优秀的异性，从中挑选到底哪一个是适合你的。你只能跟着时间走，所以你知道昨天和今天，但是你不知道未来。这是一个无从选择的难题。

B. 父母等外界的影响

其实在选择伴侣上还有一个方式，即不是为自己去选择伴侣，而是因为舆论而选择伴侣。舆论的压力仍然影响着70后、80后的年轻人。按道理说，70后、80后应该算是比较有主见的群体了，何况“五四”运动这么久了，父母包办婚姻的现象更是少之又少，但依然有很多人由于父母的干预，不能够跟他们自己认为最合适的人结合。中国是一个讲“孝”的国家，因为要照顾父母的感受，不希望他们因为自己的婚姻而不快乐，所以往往会因为父母的原因，而放弃了自己认为合适的婚姻对象和一生的伴侣。

也还有另一种属于外界的舆论，比如朋友的看法等等。你最

好夫妻：齿轮咬合

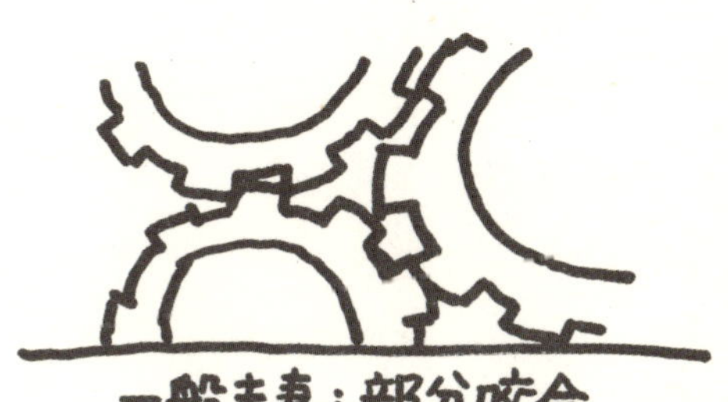

一般夫妻：部分咬合

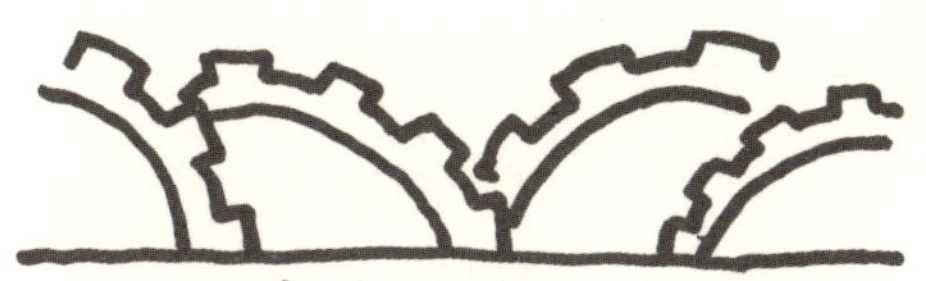

坏夫妻：齿轮不合，打坏齿轮

三种不同的夫妻

喜欢的这个人，在外界的很多人看来也许与你并不门当户对，比如他（她）是一个自由职业者，如一个写作者、画家或者SOHO一族，那么，对对方、尤其对女孩来说，哪怕这个人再优秀，也很有可能招致亲戚朋友等外界的反对——也就是说，因为次要条件而影响了对主要条件的判断。

C. 相处的难题：找错人

婚姻之所以会失败，其实归结到底，就是因为找错人。人生很高的一个境界是，“过无忧日子，做有用事情”，进一步“做爱做的事情”，即这个事情不但有用，而且你喜欢、你乐意去做它。找伴侣更是这样的，你要找到一个你非常喜欢的人。婚姻最重要的就是相处之道。这就好比齿轮，找对人的话，不用说，整部机器自然就能顺利运转。但如果你找错了人，那就好像组装机器放错了齿轮，两个齿轮不能咬合在一起，齿跟齿之间互相打架，婚姻过程就会不断地出错，产生各种各样的矛盾与摩擦，最终以两个齿轮都被嗑得遍体鳞伤而收场。更何况婚姻也根本不只是两个齿轮的事情，而是一组齿轮群：相貌、健康状况、年龄、学历、品格、秉性、智商、性格、情商、收入等等等等。想要这些方面都能够咬合，当然是非常难的。不过，如果大多数都不能咬合的话，那这样的婚姻可想而知，一般都是会失败的，要么离婚，要么就是一个“死亡婚姻”——就像破产了的公司，表面看牌子还在，但已经不能正常营业了。

D. 错误的相处之道：产生矛盾的原因

也还有另外一种情况，就是你找的人基本上是对的，多数的齿轮也都能咬合在一起，但后来为什么会形同陌路，最终不能共行于一条轨道上而分道扬镳呢？这是因为夫妻之间在相处上出现了矛盾。其实在所有的社会关系中，最容易出毛病的就是婚姻了。因为父母跟子女有血缘关系维系，朋友之间的关系则可以是短暂的。唯一像朋友一样没有血缘关系，却又必须像父母子女一样整天厮守在一起的，就是夫妻了。这种处境是比较尴尬的，如果只是朋友，双方发生摩擦的时候一方可以避开，但是夫妻之间出现摩擦，却无法仅以躲避来解决；父母跟子女之间的矛盾容易从血缘上化解，但是夫妻之间相处时出现的矛盾却不容易互相原谅。比如丈夫和妻子之间，为各自父母所付出的就容易引起对方的不快。常言道：“贫贱夫妻百事哀”，在一些较贫穷的家庭里，常常会在年底的时候发生矛盾，因为夫妻双方都想要给自己的父母一些零花钱，虽然似乎表面上大家互不计较，但是各自的内心里却都是不快乐的。这时，往往一件很小的事情，甚至打碎一个碗，也会成为矛盾爆发的导火索。其实，在这类冲突中，事件本身只是一个引子，更深层次的原因是婚姻关系中的矛盾天生难以调和的问题。

就婚姻而言，一般来说有三种可能：成，败，不成不败。所谓成，就是好，婚姻中的各项指数标准都保持在80分以上，这种家庭或婚姻是比较少有的。我们常常看到很多平时关系亲密的夫妻突然就离婚了，觉得很惊讶。其实细想想，也不奇怪：说不定他们关起门来吵架已很多年了，而在外面的牵手亲热都是表演给人看的。所以说，真正好的婚姻往往都是少数。至于那些失败的婚姻，当它走到极端时，就是宣布这家“联合有限公司”的破产和解体，也就是离婚。不过这种情况相对来讲也还是少数。

从广义上考察婚姻，是一个两头小中间大的橄榄形，好的不多，相对来说真正失败的也不多，绝大多数都还是处在一种不好不坏不成不败的状态中的。

所以，如果计量婚姻在人生中的权重的话，人生幸不幸福的很大一个关键应该就取决于婚姻状况的好赖。可惜，婚姻这个问题一直存在着变数。所以，在婚姻这个问题上，一定要慎之又慎，因为它关系到你的人生幸福与否。不管有多少偶然性，只要尽心尽力的把握它，少犯些无谓的错误，即使不能够使它尽善尽美，但是至少不会让它成为最糟糕的婚姻，那就已经算是非常好的事情了。

概说	自序		
正文	运作原理	生命之构造及其使用	1～7节
		生命之偶然定律	1～3
		生命之无奈定律	1～3
	故障维修	常见故障（错误使用）	1～2
		故障分析（为何出错）	1～4
		维修原理（"电路"研究）	1～2
		维修方法（修复要领）	1～2
	产品优化	优化原理（反定律思维）	1～3
		硬件之优化（善待肉身）	1～4
		软件之优化（善待心灵）	1～4
		操作方式之优化（一些要领）	1～5
		一些实用小技巧·生命祝福	1～5
附录	"生命成败指数"系列"对数表"		

本章在全书的位置

第二部分

故障维修

第四章 常见故障：生命使用常见错误

一、生命透支症

1. 透支肉身

人类的进化的确带来很多问题，我们人为地制定了各种各样的规则，其实很多规则是互相矛盾的，比如说关于房价问题，国土厅那边一个政策，规划部门又是一个政策，物价部门又是一个政策，总之，各家都会有些政策，就出现了堵车的现象。其实人生总是处在社会堵车，自己的肉体堵车跟精神堵车之间，随之不停地变化，不停地冲突。我们经常处于这样一种状态：为工作透支肉身——为了工作，累一点是应该的。这其实是错的，如果你的身体不健康或不存在的话，如何去工作？

2. 透支时间

人生之所以出现故障，原因是我们做了很多无效劳动，虚度了很多生命，这种情况分为两种，一种是不得已的，时代如此。比如说文革时，我当兵，每天早上起来早纪，吃饭之前唱歌，打

人生之所以出现故障，原因是我们做了很多无效劳动，虚度了很多生命。简单地说，我们的生命会浪费在哪些地方呢？主要在三个方面：无聊交际、无聊阅读和无聊休闲。除此之外，还有一些社会显规则和潜规则的制约。

饭时唱歌，进了饭堂念毛主席语录，晚饭后晚纪，每天斗思批修，然后一个政治运动接着一个政治运动，很多朋友表扬我的空心字写得很好，其实就是那时候开会的副产品，有很多时间是在与人奋斗中浪费过去了，这是一种。

另外一种并不是别人强加给我们，而是我们自己心甘情愿选择的。有时候我们会做一些没意义的事情，比如为了一个奖或者一个职称而竭尽全力，但这未必会给你带来终极的快乐，因为中间有一个投入产出比的问题：假如你的付出看起来虽然是有回报的，而且很可能收获很多，但如果你为此投入得太多了，可能就不值得。

前一阵子，我参加高考30周年座谈会的时候，跟老教育局长说：我认为我们从小学到大学所受的教育，课程中大概有60%毕业以后是还给老师的，是没有用的。教育局长说，雷先生，你说错了，不是60%，我认为是70%。13亿中国人，只要上学的，每个人都要学英语；大学本科以上的，都必须过英语四级，但是你想，这英语四级，几亿中国人花了几百亿小时、几千亿小时的时间，它的用处有多少呢？

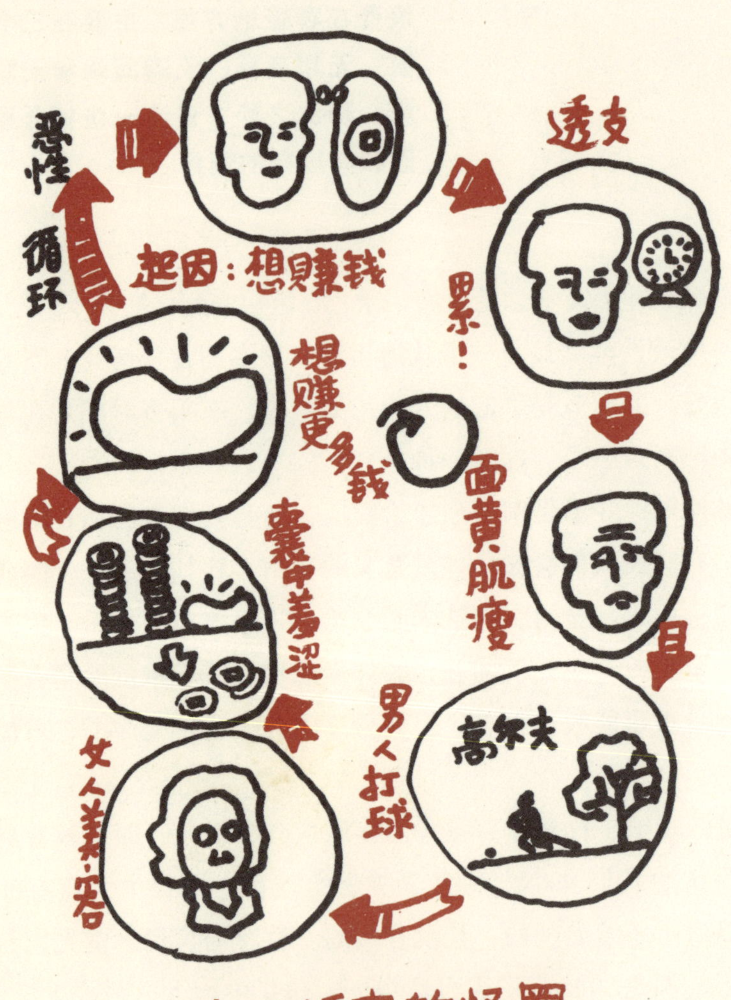

人生透支的怪圈

3. 透支灵魂

我们因为压力过大而透支心灵，这是由于人们承受了太多的压力，所以，有时候会感觉到人生太累了，甚至有点寂寞、孤独，心灵有种不堪重负的感觉；而为竞争透支灵魂，这已经是非常普遍的现象。以所谓的灰色规则为例：你想办成某件事，但其间要经过某种关卡的时候，很多人都会经过灵魂的挣扎——比如，我这个红包该不该送？当你不送的时候，你可能在这一圈马拉松赛跑当中很快就被淘汰下来了。

二、浪费生命的三大科技发明

1. 电灯

有人说21世纪初期以前，对人类生命产生最大的负面影响的三大科技，第一个是电灯，第二个是手表，第三个是网络、手机等科技毒品。远古人类日出而作，日落而息，是很自然的一种生存状态，用《黄帝内经》上的话来说，“上古之智者，与天地适时，共呼吸”，人们天黑就去睡觉，睡眠是很充足的。但是现在的人不是这样的，我们是跟时间拧着来。自从有了电灯，我们可以夜以继日，可以开着灯干通宵，然后大家就非常兴奋地、非常辛苦地去工作、去玩，尤其像香港、深圳这样的不夜城，人们尤其讲究夜生活。但是这种颠倒是要付出代价的，当透支了晚上这段时光之后，就会有罚款，透支一天，可能有两天的罚款，也就意味着可能你的生命之旅要提前两天结束，假如这样透支一年，今后可能要在床上多躺20年，才能够补回这个时光。学过相学的人一看就知道，经常熬夜的人，下眼眶是发肿的，这种眼袋，哪怕是去做美容，都是修不掉的，始终还是会留下痕迹的。

2. 手表

其实手表是让人发疯的一种发明。现在的人大部分都被组装在一条大生产线上，几点上班，几点开会……每个人都是生产线上的一个零件，没有理由迟到，所以，只要一塞车，所有的人都看着手表，引起心动过速，因此，心脏病成为人类生命的一大杀手，主要原因之一大概就是手表的发明。我们古人有很多故事，比如“我今欲眠君且去”——我现在要睡了，你先回去吧。我觉得人这个机器本身自有其规律，比如由于受地心引力的控制，受太阳、月亮的影响，有日月之分，女人还有潮汐的影响等等，所以，我觉得在现代生活当中，我们要充分地享受它，但是从另外一个方面说，我们又的确是要从常人常规常识的教育影响中跳出来，安排我们自己的生活。

3. 互联网

我觉得上网多并不是一件好事情，天天泡在网上玩游戏出不来，这就更是非常有问题了，我把这称之为“网络白粉”。如果染上网瘾戒不掉，首先会对身体造成极大的伤害。以广州为例，近视眼的比例就很高，一般情况下，在我演讲的会场里，大概总有50%以上的人戴眼镜（按现在这样的趋势发展下去，我们的下一代基本上会消灭不戴眼镜的人，不戴眼镜的人会变成稀有动物了）。整天对着电脑，首先是眼病，然后就会有脊椎病、肩周炎，颈椎到腰椎都不好；伴随出现的还有心理障碍，变得郁郁寡欢，

你是世界上最不幸的人吗？

不会跟人交谈；接着是功课下滑，最后连考试都通不过；随之就是人际的交往障碍，只能人机对话，或通过机器跟别人对话，已经不大会跟人直接对话。往往是那些面对面谈话很木讷、一句话也说不出来人，一敲键盘，就什么词汇都出来了。现在像这样的“电脑植物人”越来越多，我的很多朋友向我诉苦，说他们的小孩已经开始有这样的倾向，这也是一种无奈。

三、优质人生的九大敌人

1. 浪费生命三大积习

简单地说，我们的生命会浪费在哪些地方呢？主要在三个方面：无聊交际、无聊阅读和无聊休闲。

无聊交际，包括开无用的会、交无用的朋友、经常参加一些无聊的应酬等等。其次是无聊的阅读，也就是垃圾阅读，包括翻一些无用的书，读一些没有用的报纸，看一些没有用的电视等等。人有一种惰性，就是有时候拿起一张报纸本来想随便翻翻，结果一看就是两个小时三个小时。在现在的这个信息爆炸时代，这种无聊阅读对年轻一代更是一个巨大的威胁——无聊的网站、无聊的网上信息、无聊的手机短信等等充斥你的周围，很容易造成浪费时间浪费生命。第三个是无聊休闲，比如赌博中的麻将、打牌、赌马……如果炒股票不专业的话，其实它也会成为一种不良习惯，几乎就像赌博一样。这些综合起来，就是浪费生命的三大积习。

2. 生命三大依赖症

人生的三大依赖症，分别是：物品依赖症、密码依赖症和记忆依赖症。

第一是物品依赖症。通过2008年这次南中国史无前例的大雪灾，我们就会发觉人类对电的依赖已经不可或缺了。这根拐杖一旦拿起来之后，再离开它，你就不会走路了。对手机的依赖也是一个例子。我们现在经常会听到周围人说，哎呀，我的手机丢了，所有的联系资料都在里面，所以没有办法给朋友打电话。就是说，一旦手机这个机器没有了，好像就是惶惶不可终日了。

现在是信息时代，很多东西都变为一个个数字编码了，结果我们对于数字编码的依赖，比如说对密码的依赖就越来越严重了。现在，无论是家庭还是个人都有很多密码，从存折密码、密码箱的密码，到网上电子邮箱的密码、即时通讯软件（比如QQ）

因为网络而患上痴呆症的前兆

1. 半夜3时起床上厕所顺便查E－mail。

2. 在手臂刺青，而且告诉你的朋友们，这个文身最好用Netscape3.0来观赏。

3. 见到带下画线的文字都想用鼠标去点一下。

4. 一不小心把电脑放在膝上而把儿子放在头顶的行李架上。

5. 为了能免费上网，你愿意在大学里多混好几年。

6. 你每天以9600的速率开怀大笑。

7. 你在打英文字的时候都会习惯性地在句子最后打上.com。

8. 每当等待下载软件时你才会去上厕所。

9. 你自我介绍时总会说我是“×××@chatroom.com”。

的密码等等，一个生活在城市当中的人，至少会和几十个密码发生关系。当你一旦忘掉某个密码的时候，生活的秩序马上就被打乱了。

记忆依赖症又是什么意思呢？我们经常会把时间浪费在找东西上面，因为我们想要把重要的东西放在安全的地方，或者非常容易找到的地方，但到最后你往往会发现，这些重要的东西偏偏怎么找也找不到了，在这种情况下，记忆力似乎失效了。

3. 生命中三大不可挽回的痛

A. 子欲养而亲不在

我们大多数人、大多数时候都自认为很孝敬父母。我要讲的不敬父母，并不是表面上的不孝敬，而是指事后才发觉对父母做得不够的那些事情。子欲养而亲不在，就是人生的一大遗憾。我就深有这个体会。我父亲非常辛苦，他也是生不逢时，他最好的时光是在我们国家最困难的时候度过的。那时候，每人每年的粮食缺口是3个月，我在外面当兵，从当兵的第一个月开始，哪怕自己饿肚子，我也尽量把粮票节约下来，把每一分钱寄回家，即便如此，还是杯水车薪。等到我生活略好的时候，我想把父母带到部队，但是他们都已经不在世间了。我父亲临到去世的时候，都没有真正享到人间清福。所以，我虽然有孝心，但却没有这个孝力。我母亲比我父亲长寿10年，虽然我仍然很有孝心，但有很多事情我还是没有做到。直到他们全都去世之后，我才觉得这是很遗憾的事情。

香港的黄霑，他讲了一个更典型的例子。他说，他进行博士论文答辩的那一天，正好碰上他母亲生病，但论文答辩至关重

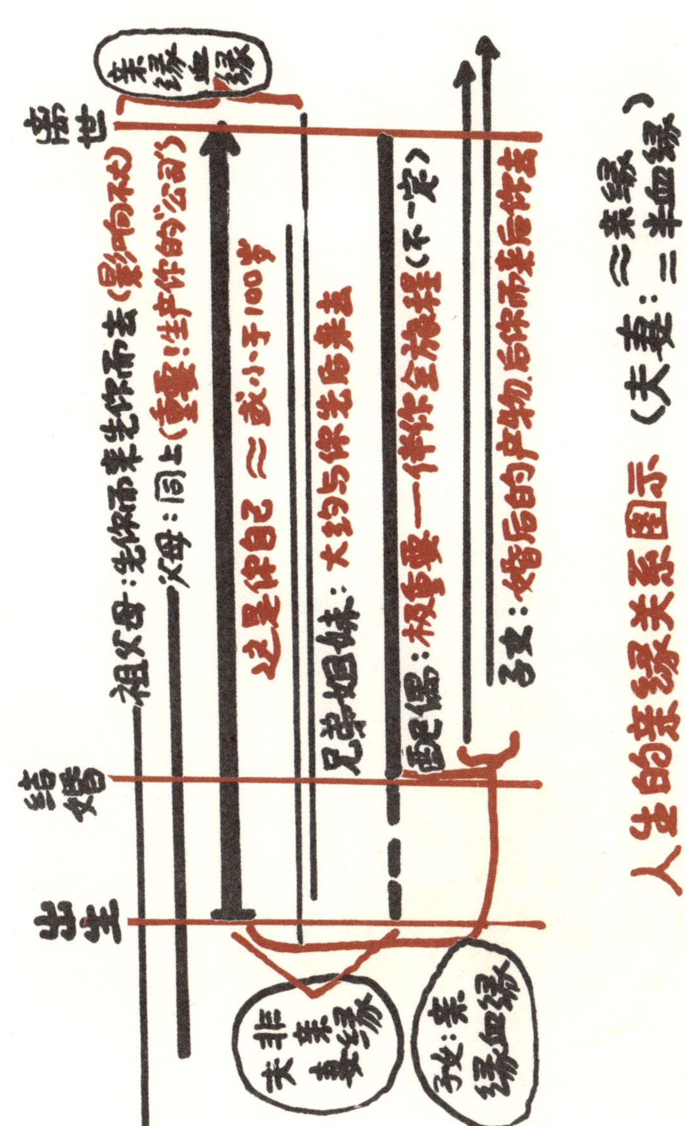
出生
结婚
离世
祖父母：先你而来先你而去（影响有限）
父母：同上（重要！生产你的"公司"）
这是你自己 ≈ 或小于100岁
兄弟姐妹：大约与你先后来去
配偶：极重要一伴你全旅程（不一定）
子女：婚后的产物，后你而来后你去
亲缘血缘
夫妻非亲缘
子女：亲缘血缘
人生的亲缘关系图示（夫妻：≈亲缘 ≠半血缘）

要，很多导师聚集在一起，如果请假不去的话，就不好交代；而且，这个博士就只能留待5年之后再去考了，所以，他选择了论文答辩。但是就在他答辩完成的时候，他母亲已经进入弥留之际了。等他赶到医院看望母亲时，母亲已经不能说话了。后来，黄霑总是遗憾地自责，为什么当时会把那顶博士帽看得那么重，难道这顶博士帽，对他一生就有那么大影响吗？难道把这个实情告诉那几位导师，让他们这一天白跑一趟有那么严重吗？而母亲的去世却是不可挽回的。

B. 父欲教而木成舟

不教子，这也是一个很大的问题。我们现在经常处在两种状态中，一种是想教好小孩但是方法不对，将孩子并不喜欢的专业或志愿强加给小孩，他后来会埋怨你；另外一种是由于我们的粗心或者说没有精力，或者更严格地说是不负责任，没有好好教育孩子。我们总是很忙，男人们觉得自己总是在外面拼搏，整天忙于打天下，不就是为了让家里有一点钱，能够买得起房子、车子，能够过得有面子吗？女人们呢，就觉得我白天在外面忙，要上班，回来还要照顾老小，我比谁都累啊。所以，很多时候，那些小孩，尤其是到了青春期的小孩，他最好的朋友、知心朋友往往是同学，甚至是一些校外的同龄人，或者网上不认识、素未谋面的朋友。

家长们因为没空管孩子，与孩子沟通交流，所以孩子有很多真心话并不对家长说，而是对同学说，甚至是对素未谋面的、根本不知道是何方神圣的一个网上的隐形人去诉说。假如在这种情况下，小孩能够健康成长，就算是很幸运的事情了。但是，如果在孩子的成长过程当中，由于家长的缺位而造成了一些不可改变的失误，那可就是很遗憾的事情了。

C. 一失足成千古恨

人生当中有些事情做错了没有关系，但是有的错误却是一失足成千古恨。比方说，遇到类似结婚或者选专业这样的事情，一次失误就有可能让你遗憾终生。还比如开车，其实很多车祸，是1%秒的差时，那时候的一失，百年之身就没有了。

举诸葛亮的例子，诸葛亮为什么会失街亭呢？就是因为用错了一个人。有一幅古对联“诸葛一生唯谨慎 吕端大事不糊涂”，说的就是吕端经常糊糊涂涂，但是遇到大事的时候反而头脑清醒。诸葛亮刚好反过来，一生事事非常谨慎，可是遇到大事的时候反而糊涂了。我觉得我们应该学学吕端，小事上可以尽量地糊涂，但是大事不要糊涂。

我们在选择人生伴侣的时候也不能糊涂。我们是不能选择父母的，但可以选择伴侣。为什么找一个好的伴侣比一切都重要呢？分析一下，你的亲人当中有以下几类：第一是父母，父母先你而生，先你而去，是最亲的亲人，是你的“生产厂家”；接着是兄弟姐妹，他们基本上与你同时诞生，同时离去，有一种血脉亲情，而且是在同一个环境里面成长的；第三类就是孩子，孩子诞生得比你晚，离开得也比你晚很多，继承了你的血脉，是你自己生命的延续。想象一下，孩子是你跟伴侣共同生育的，如果找到一个不合适的伴侣，那么这个孩子将来会长成什么样呢？

第五章 常见故障分析：为何出现使用错误

一、总说

亚健康，就是介于健康与疾病之间的一种状态。亚健康其实就是亚死亡，就是不活不死——看起来是个活人，其实已经有大问题了。这个事情只有极而言之，才会引起重视。现在的亚健康包括哪些呢？经常睡眠不足，吃得太多，超时工作，超负荷……我有很多的朋友当公务员，因为手上有些权力，有很多人就会邀请他们参加饭局、应酬。为了照顾别人的面子，他们只好应承。

还有超压力。比如说小孩子本来应该好好玩的，但是你现在剥夺了他玩的机会，所以结果，人生首先从一个没有快乐的童年开始。从小孩起就开始痛苦，走向社会以后，压力越来越大，等结婚生子到中年，更加是压力重重忧心忡忡。等到你稍微有好日子过的时候，你就发现你老啦——夕阳无限好，只是近黄昏。

此外还有工作压力、生存压力、观念压力和舆论压力等等，亦不可小视。

> 人见白头嗔，我见白头喜。
> 多少少年亡，不到白头死。
> ——《增广贤文》

现代社会很多东西非常规范化，每个人都是社会链条上的一个零件，不得不跟着社会不停运转。这使得我们难以正确使用自己的生命。因为不正确的使用，我们的身体经常没有到期就作废了；有太多的病毒和垃圾文件充斥在我们的人生当中，生命的质量自然不高。

对生命使用常见的一些错误，可以用两个电脑术语来打比方。一个是“坏块”，还有一个“文件溢出”。电脑磁盘出现坏块时，坏块区域就无法正常使用，也许这些坏块暂时不会影响整个电脑的使用，但当坏块区域大到一定程度，就会导致整个电脑系统崩溃。我们的人生也会出现很多坏块，只不过有些人多一点，有些人少一点，比如身体某一个部位出问题，那里就是一个坏块，你在心理上有哪一个地方出问题，那么你的心理就有坏块了。

而“文件溢出”，就是有一些文件装不进去了，因为硬盘的空间不够，导致一些该保存的文件保存不了。如果把这个术语用到人生上，就是原本应该花些时间去休闲、去旅游、去陪伴亲人，可我们都没有做到。“非典”的时候，大家都不敢出去玩，于是很多人觉得这段陪伴家人的日子很有收获。只有那段非正常时期，很多人才生活在一种正常的状态下。反过来说，现在我们认为的这种正常状态，其实并不正常：每天只要有一点小故障出现，心里头就紧张，压力就过大。比如大家去上班，一下雨、一堵车，很多人心里就很紧张，因为时间已经成为一种压力，从大的方面说，这是一种责任心的表现，但对于个人来说，这实在并

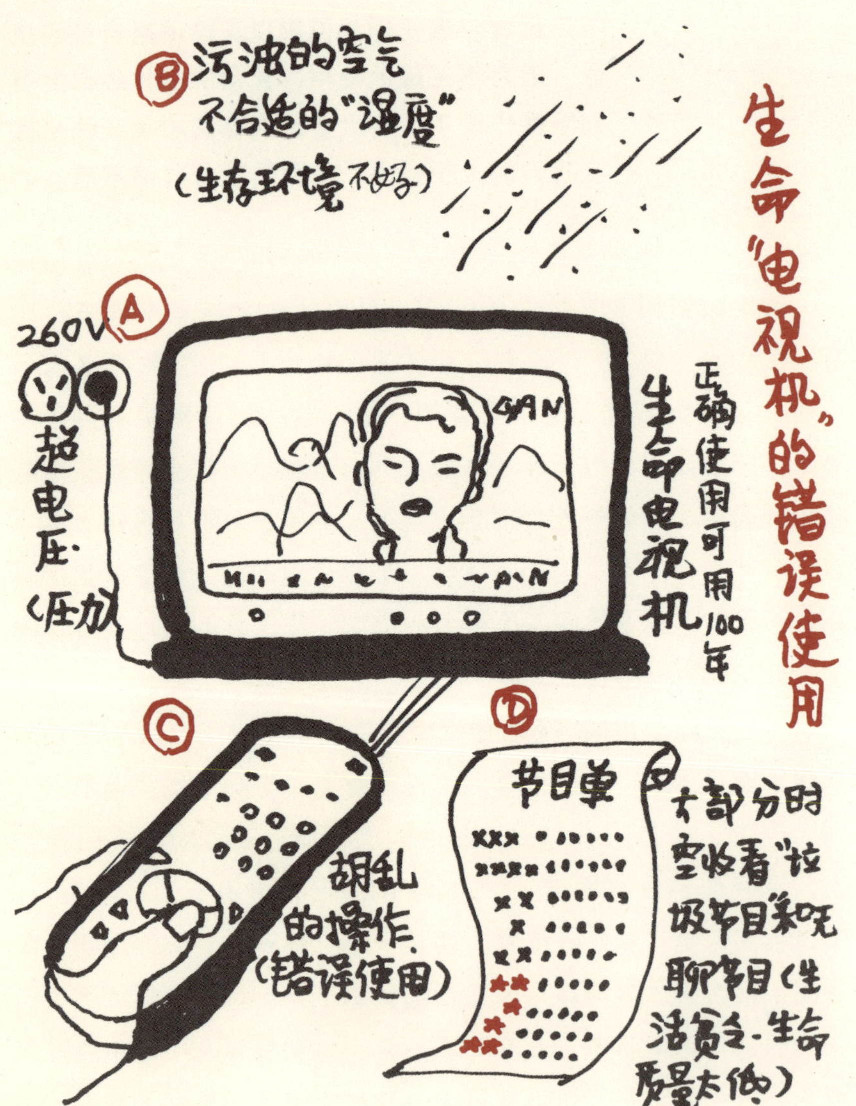
生命"电视机"的错误使用
B 污浊的空气
不合适的"温度"
(生存环境不好)
260V A
超电压
(压力)
正确使用可用100年
生命电视机
C
胡乱的操作
(错误使用)
D
节目单
大部分时间收看"垃圾节目和无聊节目(生活质量-生命质量太低)

不是好事，因为这会使人长期处于紧张和压力之下。

国学大师饶宗颐先生说过，东方之学最大的一个秘密是就是模糊、笼统，运用之妙存乎一心。比如说弹古琴，它没有一个具体的力度和节拍的记载，只有轻按“少许”或者停顿“少许”。那么，这个“少许”到底是多少呢？谁也不知道，只能自己去感觉，这就叫运用之妙存乎一心。但是现在不同。所有的东西都很规范化，一切时间准确到时、到分、到秒，每个人都只是社会链条上的一个零件，因为社会要运转，生产线肯定会带动着每个零件不停转圈。

因为不正确的使用，我们的身体经常没有到期就作废了——有太多的病毒和垃圾文件充斥在我们的人生当中，生命的质量自然不高。

二、常见故障诊断和维修

首先要做的努力是纠正上文所说的六大人生错误，或者说是人生的不良习惯。这些不良习惯实际上就是对有效生命的浪费。

1. 减少无聊的交际

本来很多会是可以不开的，很多饭局是可以不参加的，但是你经常会觉得自己很重要，如果不去、不出席就会如何如何。实际上并非如此，很多会，你去了和你不去，区别并不大，尤其是现在的朋友聚会、宴会，基本上都是低效率的交际。人经常会走进一些误区，认为不去参加这类聚会，自己就会变成一个异类，于是很多时候就被人牵着鼻子走了。你会发现，其实有大量朋友是在浪费你的时间。现在的社会已经形成了开会的习惯。实际上人有的时候应该坚持独立性，应该另类一点，可以推掉的事情不妨尽量推掉。

2. 减少无聊的阅读

无聊的阅读更是对有效生命的浪费。我认为进行无聊阅读的人可以分为两类，一类是出生在信息时代以前、30岁以上的人群，这类人的无聊阅读、垃圾阅读的对象主要是报纸、刊物、电视；另外一类比较年轻的人群，他们的垃圾阅读对象主要是电子产品，尤其是电视、网络、游戏，以及到聊天室进行非常无聊的聊天。我对聊天室做过调查，实际上真正有用的聊天不是很多。网络聊天基本上是出于好奇。在现实生活中交一个朋友非常容易，所以我们容易忽略它，而在网络上交朋友，你会觉得充满了新奇和刺激。年轻人在这一点上很容易被诱惑，尤其是网上确实无奇不有，所以一旦上网，年轻人就会不停冲浪，由一个网页转到另一个网页，就这样被网络不停地牵着走。现在很多孩子的学习成绩不好，其中有个重要的原因就是他们在网上耗费了太多时间和精力。

3. 减少无聊的休闲

在有钱和有权的人那里，无聊的休闲很可能就是吃喝嫖赌。这么说并不夸张。他们出入于很好的餐馆，喝酒有陪酒女郎。此外，赌博性的娱乐现在几乎成为整个中华民族的休闲习惯：麻将、打牌等等，好像不赌点钱就不叫休闲……卡拉OK如果好的话，是一种很好的放松方式，但是现在很多人去卡拉OK、KTV，是为了摆款、摆身份，或者出于带有功利性的应酬需要，KTV里面的很多歌，说得好听就叫白开水，没有任何营养，说得严重些，大可以算是毒药。

所以，无聊交际、无聊阅读、无聊休闲这三大积习，是你自己的三大敌人，一定是要纠正的。

4. 戒除依赖症

首先是要大力戒除对物质的依赖，比如手机、电脑之类的物品。而对于信息、数码、密码、记忆力等非物质的依赖，则是比较难戒除的，但是我们还是应该尽量找些办法。比如说，手机要丢其实是很容易的，只要你随身带着，丢失的机会就非常大，如果我们用电脑对手机信息做备份的话，哪怕手机丢了，主要信息还是在的。这样一来，就大可以相对戒除对手机的依赖；还有我们对数码的依赖，像密码，如果认为记在本子上不安全的话，你还可以使用一些合适自己的简单的加密方法。我们常说好记性不如烂笔头，如果记录下来，就可以减少你对它的依赖。有时候，一些常识性的东西如果能够找到替代的概念，那就不要去依赖它，放下便是，把它归置到不重要的地方，不要让它在你的注意范畴内占一席之地。人的脑子就像电脑一样，内存是有限的，只有清理掉一些次要的东西，腾出空间来，才能够把内存真正有效地用在你的智慧上面。

第六章 维修原理：雷氏生命指数

一、幸福指数：幸福舍利子

既然到了这个世界上来旅游一趟，那就不要白白浪费这次注册的权利，假如已经入境的话，就一定要好好度过这100年。禅宗有个说法叫做“看取脚下”，“脚下”就是“当下”。就是说，人不要老是等待明天，而应该善待今天。其实人生的财富不在于拥有多少，而在于你实际支配了多少，并且每当你支配一美元或者一元人民币的时候，你获得了多少快乐，这才是最主要的。

如何来衡量快乐的人生？主要有两三个计算方法，第一个方法是预想在你临终的时候，盘点一下，在你的裤腰带背后，在丹田的位置，你剩下了多少颗幸福舍利子？你库存了、积蓄了、累积了、收藏了多少颗幸福的舍利子？是10颗，20颗，还是100颗呢？或者换一种说法，如果幸福能够凝结成固体的话，那么你的幸福是一份还是两份？有些人可能存下10颗幸福舍利子，有些人可能有100颗，有些人可能更多，而有些人则可能一颗也没有，甚至可能只收获痛苦的结石，所以，我觉得眼下所有正在进行的事情，眼下所有的功名利禄、金钱等，都是次要的，重要的是现

维修已经破损的生命，关键是要领悟生命的真谛。许多人找不到人生的目标，抓不住重点、要害。如果能够沙中烁金，化繁为简的话，生命中最要紧的并不是官阶、财富，而是这么几个指数：亲情、友谊、智慧。

在要预知到当你临终的时候，确认沉淀在丹田这里的快乐结晶有多厚，是一分，一寸，还是一寸两分？这是一种思维方法。

如果当你“离境”的时候，能够带着很多的幸福舍利子，而不是痛苦结石，那就算是不虚此生了。虽然人生如梦，但是假如把这个梦做得很好、很精彩的话，就是成功。如果我们每个人都活得很成功，每一个人都是佛，每一个人都是菩萨，那么，我们中国13亿人口就有13亿菩萨，整个星球就有60亿菩萨，难道这个社会还会有不平、还会有战争吗？所以，我觉得，美好天下、和谐社会不妨从我做起，幸福人生不妨从心修起、从我的心灵修起，桶底脱落日便是成佛时。

二、成功指数：临终反观思维

如果命运可以改变，假如有一次重新选择的机会，你最希望改变的是什么？我曾经这样问过很多人，得到的回答基本上是三种，其中最多的回答（男的女的差不多都这样说）是回去就离婚。很多人都生活在不太快乐的婚姻当中，这几乎是一个太普遍的现象；另外就是希望改一个专业，尽快改行。打比方说，有一位秘书长，大家都觉得他的官很大，威风，可是他说，哎呀，这几十年我一直在为他人做嫁衣，可能最后我唯一能留下的就只是一套房子而已。也就是说，此生虽然大部分时间很风光，但基本上是在为别人服务的，所以，他觉得这是一个很大的遗憾。

大家不妨闭上眼睛想一下，从我来到这个人世间以后，最让我骄傲的、最成功的、我活得最开心的是哪一段时间、哪几件事情？

三、要务指数：临终要务思维

每个人都会觉得自己很忙，被很多人所需要，事情总是做不完。不过，大家是否可以采用另外一种思考方式呢？我向大家推荐一种思考方式，叫做“临终要务思维”。假设上帝只给你10年的时间，你会用这10年来做什么事情？比如，你原本计划用10年的时间来做20件事情，但用“临终要务思维”的方式，你会把它减到10件，甚至是5件。那么，我们把时间再减少一点，如果上帝只给你3年的时间，你会用它来做什么事情？进一步，如果只给你1年的时间，你又会做什么事情？再进一步，如果只给你3个月，你会用它来做什么事情？这样不停地使用减法，你就会发觉，到最后，一般的人都只会想到几件对自己至关重要的事情。

首先当然是希望自己更健康地活过这一段时间，10年也好，5年也好，甚至只是3个月也好，一定要活得很健康、很快乐——人的第一需求就是健康和快乐；第二个想到的是要跟亲人好好地团聚，跟父母、跟兄弟、跟妻子、跟儿女，所以，亲情是第二个最必需的；第三，可能这个世界上有很多东西我还没有来得及体验，现在我要去体验，比如说，没去过西藏的人要去西藏，没出过国的人想出国……人生最终的快乐需求，说起来并不很多。

但实际上，在我们年轻的时候，就必须具备这样的思维。比如你想成立一家广告公司，就要想想广告公司能给我们带来什么？财富，还是快乐？而我自己希望得到的是财富，还是快乐？像这样用假设缩减的方法，我觉得就可以从大多数杂务或不必要的事情里面跳出来。

四、诤友指数：忠实人生旅伴列表

中国社会是一个熟人社会，也就是说，我们一般只信任熟人、依靠熟人。一个人一辈子可能会认识很多熟人，但是，能称得上是你的忠实旅伴的，不会很多。我们在这里着重讲两类朋友：一类叫诤友，一类叫慧友。

所谓“诤友”，原本是指那些勇于当面指出缺点错误，敢于

铅印的吻

一位富有幽默感、精通印刷术的教授，为了使学生了解“铅印”和“影印”这两种基本的印刷方式，特举行一次浅显的示范。首先他请一位漂亮的女学生走到课堂前面，对她说：“请涂上新鲜口红，然后吻我。”接着，他指指脸上的红印，对全体学生说：“这便是铅印。”然后他由胸前的口袋里取出一条白手巾，仔细地把脸上的红印印在上面。随后，他一面举起手巾，好让全班学生看清楚那痕迹，一面低声自语：“这就是影印——效果差不多，但过程却乏味多了。”

笔者按：只读书而不行路，岂不同样乏味，缺乏真实体验？

我喜欢“铅印”而不喜欢“影印”，您呢？

为“头脑发热”的朋友“泼冷水”的人。现实中，无论个人或团体，无论是待人处世还是治国安邦，有无“诤友”都十分重要。不过我们在这里所说的诤友，其实还加上了一层意思，就是指没有条件的好朋友。我们交友时经常并不清楚诤友的标准，但其实有一个方法很简单：假如你哪一天出事了，哪些朋友能够无条件地收容你，那么这样的朋友就一定要珍视，哪怕他们平时和你的关系平淡如水。

除了诤友，我们还需要慧友。所谓慧友，顾名思义，就是有智慧，或者说智慧比你高的朋友，这样的朋友对你来说是非常有益处的。孔子说“三人行，必有我师”，如果你有这么一位慧友，那么，他/她就可以成为你的老师，一个可能一句话就能改变你的人生的老师。

朋友确实很重要，人的一生离不开朋友，但是朋友也是分阶段的，每个阶段需要不同的朋友。回首人生，你也许会发现，自己真正的好朋友不会超过10个。如果更进

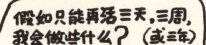

假如只能再活三天，三周，
我会做些什么？（或三年）
1. 孝敬父母：看望、打电话
2. 抚妻育子
3. 交代未了的后事
4. 去看几处天下名景

臨終要务思维

假设假想，从临终角度，去反观人生

一步，要从里面分离出诤友和慧友来，那就更是廖廖无几了。

因此，千万不要把你宝贵的生命浪费在一些酒肉朋友乃至损友的身上。

五、效率指数：有效学习思维、智慧收入指数

人生的有效时间非常少，所以我们的学习一定是要有效的。人的一生最多能读6000本书，真正有用的可能只有1‰，所以人要终生学习——但这并不等于终生读书。读万卷书、行万里路、阅万种人。不行走的话，知识永远是苍白的，很可能是纸上谈兵，毫不实用。

要使你的学习有效率，除了充分的实践经验之外，关键之处在于，要对你的思维、智慧进行一系列的训练。

我们可以用禅宗的智慧来分析这个过程。禅宗分为顿悟和渐修两派，各有其道理，各有其用途。顿悟是指从内部开发出来的智慧。它的基本观点是认为，人是有天赋的，所有的智慧都可以从这里开发出来，不假外求。

渐修则可以说是一个渐进的过程，必须用一系列方法去开发你的智慧。转换成现代的眼光来看，则是指经过一定的哲学修炼，可以提高人的逻辑思维能力，以及思维的严密性，能对每个问题都能讲出个一二三。经过训练和没经过训练的思维是不一样的。而这种训练指的主要是哲学、数理逻辑方面的训练。而且，一般在青少年时期就要完成。

经过这些训练之后，你的思维就会有效率，对一般问题都能抓住要害所在，而不至于在枝枝节节上消耗太多的时间。

第七章 维修

方法：如何修复生命？

一、总说

缺了就要补，这是一个加法。我们前面说到，大多数人首先是严重缺睡眠，其次是严重缺“玩”。

我们现在为什么会缺“玩”呢？大致有两个原因，一个是社会环境的原因：在0 — 25岁的阶段，玩就已经严重不足了：一个小孩在3岁以前，可能好玩、玩得多一点，到了四五岁进入幼儿园，老师就开始教你学唱歌、跳舞什么的，有领导来了可能还要表演一下，这时小孩就开始变成猴子了，很多小孩其实是不太愿意上幼儿园的，原因就是由于从这时开始“玩”就有部分的缺损了；到了上小学以后，压力就更大，小孩玩的权利已经基本上被有意无意地剥夺了；接着上了大学，情况会略好一点，拍拍拖、谈谈情，假如说好玩的话，这一段是非常精彩的。但一到工作，就麻烦了，压力就来了。首先要适应社会，接着要面对拍拖的压力。当然这个阶段也伴随着玩，但大体上说，工作之后，尤其是30岁

> 记得少年骑竹马，
> 看看又是白头翁。
> ——《增广贤文》

人生加法，就是缺什么补什么——摆脱固有思维，以自己的视角去判断；人生减法，就是去除多余的、无用的、效益低下的积习和观念。判断事情的轻重缓急，力求站在自己整段人生的高度来看。这样才能减少弯路，少付代价。

之后，人生缺少“玩”的状态可能一直会持续到60岁。原因很简单，可以让人们“玩”的时间实在是非常少。

另外一个原因，是多数人陷入了玩乐观念的误区。中国是一个乒乓球大国，但是现在很少有人打乒乓球，因为那个乒乓球感觉太低档了；中国本来也是羽毛球强国，但是羽毛球大家都不太打，因为场租太便宜了，现在大家只玩贵的，所以更高档的休闲方式是打网球、打高尔夫球。尤其是高尔夫球，它成了一种身份的象征。然而，当“玩”掺杂了太多功利性、社会性的因素，就不再好玩了，失去意义了。

二、人生的加减法

1. 人生加法：补缺

人生加法，要义在缺什么补什么。现在90%以上的人或者睡眠严重不足，或者虽然睡够了8个小时，但是质量很不好。所以，医学专家统计，中国现代都市人、城市人睡眠不足和严重睡眠不足的占80%以上。医学专家认为，如果13亿中国人口都睡够觉的

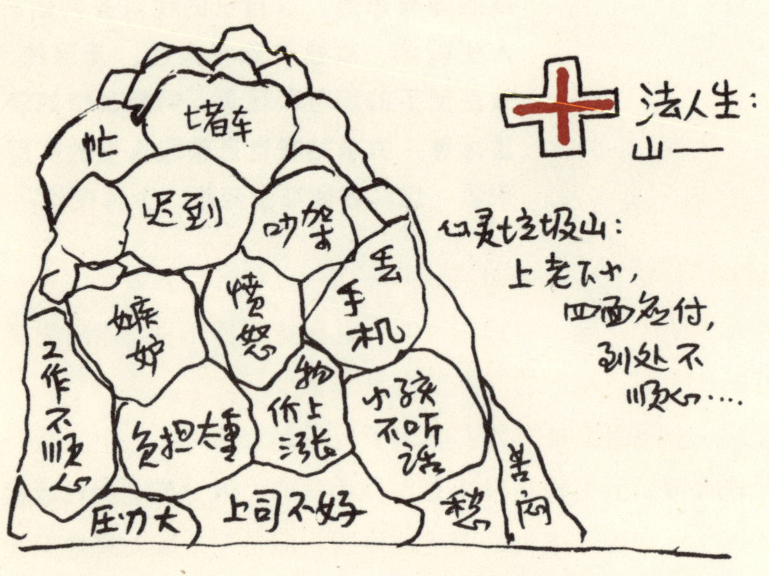

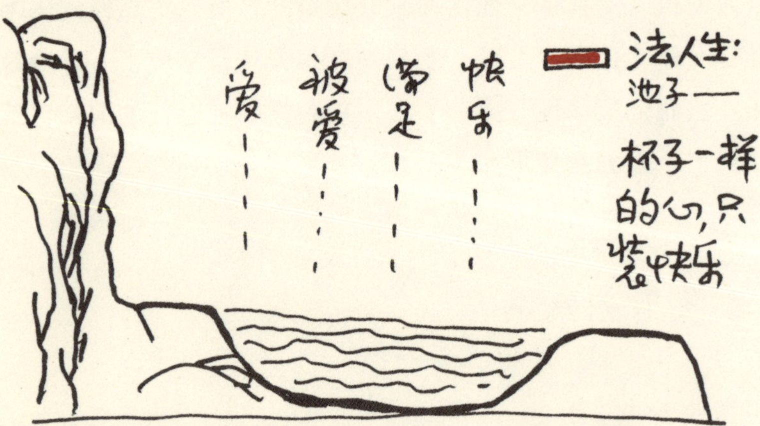

加法人生与减法人生：一念之别

你会背着许多石头前行吗？

话，中国的医疗开支马上可以减少一半，为什么？因为睡眠不足会导致身体的抵抗力下降，而大量的疾病是因为抵抗力下降才产生的。

生物学家研究，人类现在有两项严重缺乏，第一是缺乏抚摸，第二是缺乏对香味的感觉。缺乏抚摸其实就是人跟人之间缺少亲近。为什么小孩一生下来就喜欢人家摸？小孩一哭，大人一抱，他就不哭了，足见人是非常需要被爱抚的。大家以为成年人是不需要爱抚的，其实错了，成年人是经常处于皮肤饥饿状态的，所以才会有交谊舞，而且会有那么多人热衷。有的老干部退休以后还去补课，虽然两个人的舞步走得不好，像两辆推土机一样一进一退，但还是推得有滋有味。这种做法我是很赞成的，因为他们以前缺失了，现在是亡羊补牢未为晚也。至于对香味的感觉，道理也很简单。动物大量的时候是靠嗅觉的，而人类的嗅觉则在不断地退化，很多人患有准鼻炎，已经闻不到香味了。

此外，我们的人生还一直缺少“玩”，这一点在上文已经提过。当然，我们有时候确实也在玩，比方说出门旅游，不过，这个过程，有些人尽兴，有些人则由于种种原因不能。西方的一个笑话说，有一个摄影师的足迹踏遍了世界上最美的那些地方，人家很羡慕他，问他，你玩了那么多地方，讲一讲你的体会吧，他说，对不起，你得等我把那些胶卷冲出来以后才能告诉你我的旅游心得。也就是说，他在旅游的过程中一直忙于照相。所以说，旅游是需要心态、需要心境的，就像很多事情成人没有发现，小孩却发现了一样，不能好好地“玩”大概也是成人的一种缺陷。

我们还缺少学习。很多人会认为学习是小时候的事情，或者学习就是掌握课本上的东西，我觉得这两个看法都是片面的。首先，学习应该是终身的；其次，怎么样才叫学习呢？学习本身就是一门学问。有很多东西是不应该学的，比方说，每天拿张报纸看两个小时。我们现在生活在垃圾信息的海洋当中，必须认识清楚哪些东西是该学的，哪些东西是不必要的，哪些东西只能在书本之外学来的，这才算是走上了真正的学习之道。

2. 人生减法：放下

人生如果用减法的话，可能就会发现真正需要做的事情并不多，或者说此生必不可少的事情并不多。关于必要和不必要、重要和不重要，上文已经有大量分析，这里就不再展开了。

《心经》里面讲没有挂碍就可以得到最高智慧，那样的话，就没有什么苦难了，就算有苦难也可以化解它。假如学会了放下，也许就能够不背那么多担子。比如说，我有个朋友，在澳门一把就赌没了200多万，回来之后想不开，整天郁郁寡欢，最后闹得心脏不好，住院了。我跟他说，其实没了那200多万，你还是有那么多钱的，像你家乡的那些穷兄弟，有个三五万就已经觉得很满足了，比起他们，你好太多了。后来他一想，也确是这么

互为因果

"你的头发怎么一天比一天少？"
"因为我天天都有忧虑的事。"
"你每天都忧虑什么呢？"
"我忧虑我的头发一天比一天少。"
笔者按：先有鸡后有蛋，还是先有蛋后有鸡？
许多事情，往往是"连环扣"——死结。
放下，"连环扣"便被打破了。

尘世纷纷扰扰 人生常常无事忙

怎么办？

其实，人生做无谓的事太多，若用"减法人生"，设想：如果"上帝"只允许你在有限的时光（三年、或三个月），只能做三至四件事，你会发现：人生重要的事情也无非三四件事而已，其余无关紧要

"减法人生"示意图

回事，赢也偶然，输也偶然，一想通，第二天就出院了。

3. 人生大法：有情

人生要少些无情和冷漠，我觉得这点非常重要，因为我们现在经常生活在这种状态当中。所谓“青青翠竹，无非发身”，只要有情、有心，世界上任何东西都可以是有情物。当然，这里所说的“情”，并不是我们通常理解的“情感”。

世界上三大男高音之一的帕瓦罗蒂就曾在无意当中得到了这方面的启发。据说有一次，因为第二天要参加一个比赛，可是嗓子偏偏一直上不去，这让他着急万分。更糟的是隔壁的一个小孩不停地哭，哭了一个通宵。万般烦恼中，他突然想，这个小孩哭了一个通宵，嗓子居然都没有哑，秘诀是什么？原来小孩哭的时候，用的是肚子里的气。对帕瓦罗蒂来说，这一结论无异于醍醐灌顶，

人生站的高度

他将自己的发声方式改为腹式发声，即用腹腔带动胸腔，然后再发出声音，效果果然非常好。

所以，所谓有情，就是说世界上的任何东西都会向你讲法，一块石头也可能是一尊活佛，问题在于你能不能读懂它。

4. 人生淡化法：看轻

假如把世界比作一座山，那么我们多数人是在山脚或山腰上，只有少数人爬到山顶上俯瞰这个世界。这类在“山顶”看世界的人，是占领了制高点的人。以他们的视角来看问题，可以避免一些短浅的思维。但如果以常规的眼光来看，我们会认为每一件事情都非常重要，比如说某些事是领导交办的，或者某一件事情可以给我们带来利益，可以用来买很多东西，但是，仔细考虑一下，买来的东西，放在一生的长度当中来看，真的有那么重要吗？

毛泽东去世的时候，我正好在北京。听到广播的时候，我在想，不知道这次中国会出现什么状况。我从国家图书馆出门，看到整条街上所有的人都泪流满面，有些人放声痛哭，有些人匆匆忙忙赶回家或赶回单位，都怕出什么事情。但是归根结底，毛泽东逝世后，这个世界也并没有因此而发生多少的改变。这样说起来，连毛泽东这样的伟人，他的在和不在都不重要，那么我们这样的普通老百姓，一个蚁民，在和不在又有多么重要呢？假如我们的人生本身并不重要，那某一件事情做得好和不好又有多重要呢？从这个角度来看，用逆向思维思考人生，是需要大智慧的。

概说	自序		
正文	运作原理	生命之构造及其使用	1~7节
		生命之偶然定律	1~3
		生命之无奈定律	1~3
	故障维修	常见故障（错误使用）	1~2
		故障分析（为何出错）	1~4
		维修原理（"电路"研究）	1~2
		维修方法（修复要领）	1~2
	产品优化	优化原理（反定律思维）	1~3
		硬件之优化（善待肉身）	1~4
		软件之优化（善待心灵）	1~4
		操作方式之优化（一些要领）	1~5
		一些实用小技巧·生命祝福	1~5
附录	"生命成败指数"系列"对数表"		

本章在全书的位置

第三部分

产品优化

第八章 优化

原理："反定律思维"

一、人生不可计划？

1. 常规立论：人生可计划

人生可以计划吗？

是的，可以。例如：上幼儿园、读小学、中学，考个名牌大学、读研究生、选个好的专业、就业，然后做一番大事业，同时，找个好老婆（或好老公），生儿育女，幸福终老。

做人，则做个好人：好公民、好下级、好上司；好儿子、好老公、好老爸（女人类推）……

朋友：高朋满座；谈笑有鸿儒，往来无白丁……

读书，则尽量读好书：国学、西学、科学、玄学、知识类、情趣类，无所不包……

旅游：四海五洲，天下美景尽收眼底……

财富：比上不足比下有余，月收入1 — 2万元……

寿命：最少80岁，力争99岁……

这是一个不错的计划。

人生的怪圈，如同打不开的死结，是中有非，非中有是；得中有失，失中有得；泰极生否，否极泰来；塞翁失马，焉知非福？摆脱常规的思维，你能吗？

2. 逆向立论：人生不可计划

但是，人的出生就不公平：生在王侯将相家和平民布衣家，天差地别；

能不能上名牌大学？能不能考研、读个好的专业？不知道；

能做个好儿子吗？老婆和妈妈有矛盾，你保持中立，结果妈妈认为你耳根软，老婆一吹"耳边风"，你就忘记生你养你的妈妈了；老婆则认为你总是站在自己的母亲一边，看人家的老公，多听老婆的话。这个时节，你就成了"夹心饼干"，处在矛盾的"漩涡中心"，像一只进了风箱的老鼠，两头受气……

朋友？真心的少，应酬的多。无事不登三宝殿，来的都是有目的。此外还有过河拆桥的，甚至趁人之危、落井下石的……

读书？没时间。下班回来，身子骨都累得快散架了，只好翻翻报纸、看看电视，严肃的书哪里看得进去……

> 万事不由人计较，一生都是命安排。
> ——《增广贤文》

旅游？太奢侈了，就近吧，桂林、珠海、厦门、丽江，已经不错了。至于“四大文明古国”，下辈子去吧……

财富？副厅级，月薪8000元。“灰色收入”？不敢，良心不安，帮忙的事倒是做了不少，但只收回一堆烟茶酒。要买楼按揭、小孩要上学……已经很吃力了……

长寿？健康已经透支了。年纪轻轻的，高血压、脂肪肝、糖尿病……

3. 逆向立论后的调整：不追求“完美”

我们常说，中华民族是一个勤劳勇敢的民族。勤劳是必要的，但是瞎勤劳是不对的。从这个思路延伸出去的话，有些成语就可以作一些别解，比如说，我就常把饶宗颐教授对两个成语的别解当作自己的座右铭，一个是“守株待兔”，一个是“掩耳盗铃”。

“守株待兔”论：为什么现在很多人不能获得成功？因为他们太疲于追逐机会，但机会像兔子，跑得永远比人快。结果，人追得气喘吁吁的，还是抓不着几只兔子。其实人应该学会偷懒，只做好抓兔子的准备，然后靠在树底下休息，一旦兔子过来了，就扑上去。人生必须抓住的机会不用很多，只要抓住几个重大的、关键的，也就可以了。不必为无谓的小事、眼前的小利盲目奔波。

“掩耳盗铃”论：所有人都想得到那个“铃铛”，但是很多人一听到铃响就会分心，也就是说，只要别人一议论，那么名、利和其他各种各样的问题、顾虑就会随之而来。实际上，这些东西真的那么重要吗？有些学者在潜心搞研究的时候，甚至是住在庙里面的，报纸、电视都不看，因为他觉得新闻那些东西是政治家的事情，股票行情是股民的事情，他自己一心只想把学术搞好。这就是“掩耳盗铃”。

本末倒置：失衡的生命

像这样可以作“别解”的成语还有不少。比如“投机取巧”，我们可以试试看这样来理解它：“投机”是投契机缘，比如你要向领导请示一件很麻烦的事情，那就尽量选择领导心情比较好的时候；如果有两条路，一条近路，一条远路，那么近路自然是更好的选择，这就是“取巧”。

如果我们使用逆向思维，就会发现人生中有很多东西其实并不像想象中的那么重要。撇开很多鸡毛蒜皮的烦恼和遗憾不说，只挑一件最糟糕的来说，即在你告别人生的时候，你此世最大的遗憾是什么？这种逆向思维会让你及时发现自己的遗憾和重大错误，尽早规划人生。

二、生命不依赖于“成功”

1. 常规立论：“成功”很重要

我们当代的人类，无论是东方人还是西方人，尤其是西方人，太重视“成功”这两个字，以至于卡耐基的“人如何成功”已经成为一门专门的学问。成功学里面有一本伟大的书，叫作《做一个伟大的推销员》，这本全球畅销书之一中说道，美国每一个成功的企业家几乎都是从推销员做起的，这种经历会告诉你很多诀窍：如何敲开第一扇门？怎样鼓起勇气打开第一条通道？如何赚取第一桶金？总之，人活一辈子，就是为了攀上成功的珠穆朗玛峰，达到自己成功的顶点。

从中国古人那里也能发现一些关于“成功”的论述，比如，人生的三不朽，其中有一个就是“立功”，当然也要注意到，中国人只是把“立功”作为三不朽之一，其中还有更重要的“立德”，就是你的道德，以及“立言”，就是一些有益的言论、经验、智慧。也就是说，对中国的传统儒家思想来讲，“成功”并不是人生最重要的目标。所以，虽然古代的读书人有“书中自有黄金屋，书中自有颜如玉”或者“十年寒窗无人问，一朝成名天下知”这样的说法，鼓励读书人向上奋斗、向上攀爬，但并不像西方那么极端。在西方，《红与黑》里面那个不管三七二十一竭力追求成功的文学典型于连·索黑尔，是很多人学习的榜样。这种观念越来越深地影响着现在的中国人。我曾经遇到深圳的一个小伙子，他坦承自己是一个于连·索黑尔，虽然出身贫寒，但是生存在这个世上，他要求自己一定要成功，而且是不惜一切手段都要达到成功——这大概也是我们一般人对“成功”的立论。

多数人对“成功”的理解，无外乎两个方面：一方面是功名利禄，就是做多大的官、赚多少钱。当今社会，除了演艺界、书画界对名看得比较重之外，更多的人看得更重要的是利。在这样的想法支配下，就一定会有贪官污吏，会有专门拿官来换钱的人；另一方面就是金钱，企业家也就是我们以前讲的资本家，也主要是以金钱作为成功指数，这是从生产利润来讲，成功很重要。

2. 逆向立论："成功"有什么重要

实际上，如果研究人生的话，你会发觉成功并不重要，至少是并不十分重要。为什么呢？因为成功会把人剥离快乐本身、生命的幸福本身，是舍本逐末的引导，也就是说，它让你去追逐所谓成功的那些树枝或树梢，而忘记了这棵树的根和树的本，忘了你真正必须依赖的东西。人生其实并不依赖于成功，成功只是幸福人生的过程当中可能必要的支柱或拐杖，但是反过来，把必要

不识字更快活

梅询担任翰林学士。一天，诏书很多，他构思很苦，便走出书房，在庭院散心，忽然看见一个老卫兵睡在太阳底下，四肢舒展，很是舒服。梅询羡慕地说："多畅快啊！"又问他："你识字吗？"回答道："不识。"梅询长叹一声，说："更快活了！"

笔者按：你买了我的这本书，说明你是"翰林"，我为你长叹一口气：懂得太多的道理，就有太多的苦恼。

但如果目不识丁，你也未必畅快。

快乐，不假外求。

的支柱或拐杖当作你要建的整座房子，那就错了，就是舍本逐末了。

我们可以举几个例子。有很多人认为赚钱是非常重要的，于是把追求金钱上的成功作为一个奋斗目标。当万元户很稀少的时候，很多人想成为万元户。在最近的30年间，或是20年间，乃至是近10年间，甚至连千万元户、亿万富翁也已经是屡见不鲜的了。这使得很多人把金钱作为奋斗目标，把李嘉诚当作学习的榜样，其实这是一个误导。首先，要知道这个世界上只有一个李嘉诚，在世界富翁一百强中华人毕竟还是少数，真正的超级富豪在全球范围内更是少数，而我们的奋斗、我们的目标、我们的定位以他们为对象，现实吗？我们总是习惯于把标杆定得太高，就像我们买彩票时总是盯着500万的大奖，但是，要知道，得累积多少期才能产生这么一个百万富翁，这么一个幸运儿背后藏着多少彩民！就算把标准放低一点，去做一个千万富翁，也不是每一个人都能达到这样一个状态的，因为这里面有很多的偶然性或者或然性，要天时地利人和，还有要他自身具备各种各样的条件，因此，并不是每一个人都能克隆出几个地产大亨。比如，你想把自己克隆成潘石屹第二，你有没有像潘石屹那么好的妻子呢？哪怕这个军功章是挂在潘石屹身上的，但其实其中可能只有40%是真正属于潘石屹的，其余60%则是通过他的夫人的努力得来的，或者是他们夫妻共同赚来的，这一点你怎么能克隆？

同样的道理，很多人会在当官的路上，不停地攀爬珠穆朗玛峰，用一句当年有名的格言，就是“能够攀上最高峰的是那些永远不知疲倦的人”，现在就有一批不知疲倦、不停攀登的官员，他们定的其实就是超乎自己的能力或仅凭一己之力所不能达到的一张纸条……

两头粘上浆糊……

扭一圈……

粘成一个圈圈：这个圈内也是外，外也是内，

内

外

里面→

←外面

人生常常"无内无外"，以为对的，爬一圈，才知道是错的……

"挤牛奶"

思考：你是否像挤牛奶一样透支了你的生命？

质量

寿长

Ⓐ 既长寿又高质量

可取 ✓✓

Ⓑ 长寿但低质量

半可取 ✓

Ⓒ 高质量但短寿

半可取 ✓

Ⓓ 既短寿又低质量

不可取 ✗

目标。因此，我常会劝一些在功名上把自己看得太重的比较好的朋友，给他们举这样的例子，告诉他们，其实有些人可能就是一棵灌木，有些人可能天生就是一棵藤，甚至有些人本身就是小草或者苔藓，这与每个人的天分以及后天提供给他的家庭和社会条件，还有他所处的区域和人生的机缘有关，这些都共同决定了他只能到达某一个位置。也就是说，可能这个官最多也只能努力做到厅级，但是他老做着省级乃至正省级这样的梦想。我的看法是，如果是苔藓就不要做草的梦，是草本植物就不要做木本植物的梦，是藤就不要做灌木的梦，是灌木就不要做乔木的梦；这是一个人的气局、格局在事先就已经决定了的——当然，我们也并不否定后天努力的重要性。但是，其实就像我们的电脑，从奔腾1到奔腾2，到奔腾3，到奔腾4，到现在的酷睿双核，层层升级。如果是奔腾1的话，你就可能不具备奔腾4的处理能力了，所以如果把自己看得太高，就经常会做出一些不必要的努力，浪费了生命。哪怕当你超越自己的能力而得到它，比如说通过金钱买到一个官，你就会发觉你已经得不到幸福了。所以对很多官员来说，一个星期的晚饭至少有四五顿是在交际场合里过的，也就是说，都是在酒和无聊话题里泡过来的，我也曾经劝过这样的官员：酒是别人的，肝是你自己的。我做过调查，现在厅级副厅级及厅级以上的官员，患上脂肪肝的大概超过3/4。这是怎么得来的？就是因为过度的吃肉、喝酒而得到的一个副产品。而这个副产品是一个毒瘤，对你的生命是有害的。所以你宁可做一个正处或者一个副厅，也不要为了多攀一级当个副厅或者正厅而付出更大的代价。也就是说，我们不要把“成功”看得太过重要，不要去舍本逐末。

3. 逆向立论后的调整：看轻现世功名和身后功名

我们要让自己从追逐“成功”当中解脱出来，知道“成功”其实并不重要，也不可能“心想事成”。

为什么说成功并不是很重要呢？其实所谓成功与否，最终的判断标准还是你自己的一种心理感受。举一个例子，我们多数的人都觉得，与人斗是一件痛苦的事情，但是已故的毛泽东主席，他就把“与天斗、与地斗、与人斗”视作一件乐事。他认为征服天、地和人是“其乐无穷”的。而对我们来说，要去跟人交恶，要在朋友和同事之间使用心术，是一件很痛苦的事情。从对生命本义的研究来说，生命最主要的成功是你活得很快乐、很自在，这个成功，才是最重要的和最值得的。

其次，成功并不依赖于名和利。名和利可能是一种成功的标准，或者说，很多时候名和利都是人生幸福的基石。你在这个社会上至少要过上一种过得去的生活，你的衣食住行至少要“无匮乏”，也就是说，基本够用。这是一个社会比较公认的标准，也就是通常所说的“中产阶级”。你若不想让自己沦落为弱势群体，赤贫阶层，就需要依赖于一定的物质、金钱，以及能够兑换成金钱或者带来金钱的地位，这些有时候都是必须的。如果你是书画家或者明星，那么名气也是必须的。所以，去求名和利，我们不能简单地说这没有道理。但是，如果从向内求来看的话，你又会发现有很多人，他们所处的物质环境在我们看来应该是会让自己很不快乐的，但实际情况却是，他们觉得自己非常快乐。

三、生命不可逆转？

1. 常规立论："单向拉链"说

用数字来表示，人生大概就是010，生之前是0，死之后也是0，只有在世的这段时间才是1。

常规的看法是，人生是一条单行道，每向前一步都不能往后退。如果换个说法，也可以叫"单向拉链"哲学——人生就像一条单向的拉链，拉上的部分已经Pass了，不能再回去了。那么我们怎么样过好人生、拉好拉链的每一格？对于已经拉上的部分，不必太后悔，因为这些部分已经成了历史，无法改变；对于尚未拉上的部分也不必着急，只需要对未来进行大致规划，不到具体操作的阶段，就没有必要去忧心忡忡、杞人忧天。只要把每一格都细心地拉上，拉好了，那么这条拉链自然就会非常完美。

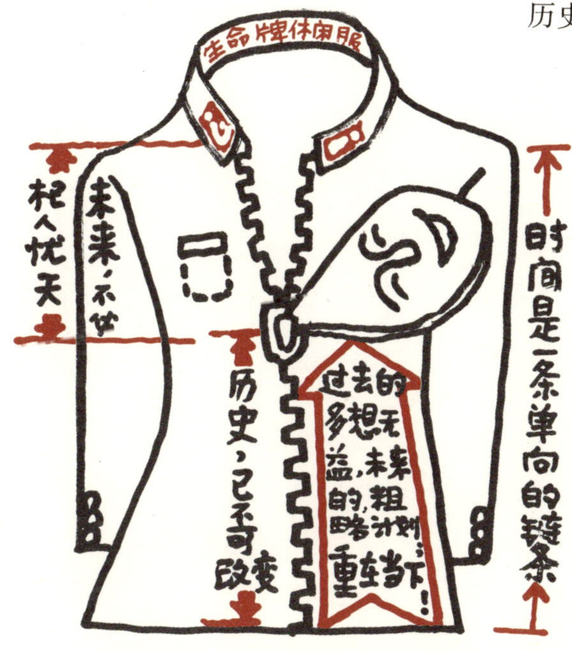

生命的"单向拉链"

禅宗有云"当下便是"、"看取脚下"，说的也就是这个意思。

2. 逆向立论："亡羊补牢"说

不过，换个角度看，生命虽然是一条单向的拉链，但是生命在某种情况下仍然是可以逆转的。比如说你本来走在一条错误的路上，如果还继续向前走，那么这条拉链是无法往回拉的；但是如果你能够意识到自己应该走什么样的路，及时地终止了走错路，而重新选择一条正确的路去走，那么，这就相当于逆转了生命。俗话说"亡羊补牢"，有几只羊跑了，你把羊圈补好了，羊就不会再跑了。从未来回顾今天，这就是一种逆转视角，相当于站在明天来修补今天的羊圈。所以，生命确实是可以逆转的，但是这种逆转必须建立在一种智慧、知觉及对生命根本的感悟的基础

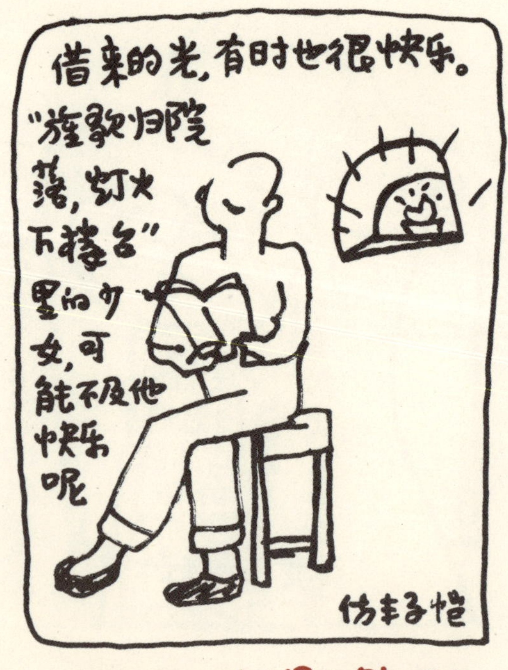
借来的光，有时也很快乐。
"旌歌归院
落，灯火
下楼台"
里的少
女，可
能不及他
快乐
呢
仿丰子恺

快乐本无价，闲心能得之

之上，只有认清生命是什么、活着为了什么，才能及时终止错误。

对路线的选择是非常重要的，如果选错了路线，很可能耽误一生。当你在一条笔直的路上走的时候，你可以走快一点，因为并没有太多的选择；而当你走到十字路口的时候，你一定要停下来甚至坐下来，休息片刻，好好挑选方向。因为只有选对了方向，你所有的前进才有意义，否则就会南辕北辙：走得越快，离幸福反而越远。

3. 逆向立论后的调适：贫穷山区长寿老人的秘密

有一个拍《黄帝内经》专题片的摄制组，曾经最广泛地调查全国各地活过100岁的老人，他们有些在农村，有些在城市郊区，有的可能是医院里的一个普通医生等等。调查结果发现，这些活过百岁的长寿老人们都觉得人生很快乐很幸福。而实际上，其中大多人的物质生活都是匮乏的，也就是说，他们在衣食住行上完全够不上一个“中产”的标准。那么他们为什么还能觉得人生幸福快乐呢？那是因为他们觉得自己所追求的那些东西都达到了，他们的标准定得并不高。如果你把自己的标准定得很高，而你事实上又没有那种能力，那么你就会永远处于痛苦当中。而这些百岁老人呢，他们会认为与身边生活得更差一些的人相比，自己还是更快乐一些的，总是有比自己更穷的人，比自己身体更糟糕的人，比自己的家庭更不幸的人。在这样的视野当中，人当然就会很容易满足，自然也会每天都有一种幸福感。每天的太阳都是新的，每天都带着笑醒来，带着笑入睡；虽然清贫，但是快乐，并且幸福——因为快乐而幸福，所以他们长寿着。如果以现在世俗界定的成功的观点和标准来衡量的话，他们几乎没有任何算得上

"成功"的地方，但是，如果以生命的感受和对于自己活在这个世界上到底快不快乐这一点来衡量的话，他们是更快乐的。

有一位官员曾经在描述官场的险恶时打了一个比方，在官场上做官像什么呢？就像攀爬悬崖，一直抓着从悬崖上垂下来的一根藤，往上爬。当你向上面望去，是一片比你爬得更高的屁股；当你向下望，你可能会欣慰一点，因为下面都是一片迎合你的笑脸；而当你环顾左右的时候，左右都是耳目，同僚们都在打探着你，提防着你。

再回头看看上面所提到的那些百岁老人们，他们既不用、也不能使出这样的心机。他们活在一种没有四面危机的轻松生活里，所以他们的人生是快乐的。因此，我们可以说，成功既重要，又不重要，只有把它看破、放下，我们的生命才能有更高的质量。

四、婚姻重要吗？

1. 常规立论：婚姻很重要

按传统的理论来讲，婚姻确实很重要。每一个人都需要一个异性的伴侣，一般都需要结婚生子，这是社会的主流。

传统的观念认为每一个人都必有婚姻，必须传宗接代，由此构成了一个家庭。《第三次浪潮》的作者托夫勒认为，我们传统的婚姻是一夫一妻制，所建立的就是一个家庭。在托夫勒之前，也已经有很多学者认为，婚姻只是一男一女之间的一种人际契约，就是两个人签一份合同，然后去教堂、家族长辈和法律机构那里进行公证。

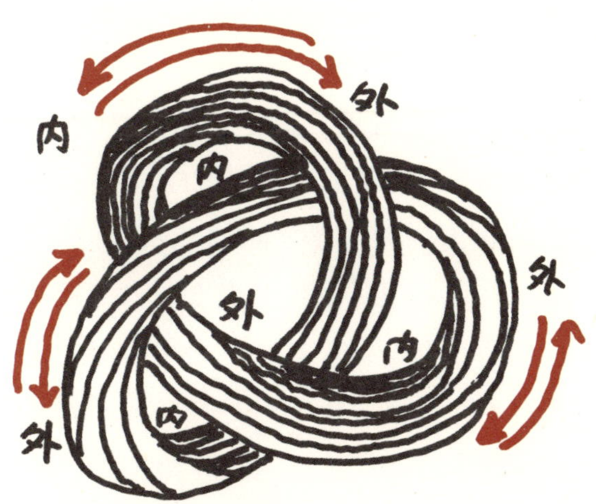

人生的怪圈：
一个打不开的结；
是中有非、非中有是；
得中有失、失中有得；
泰极生否，否极泰来；
塞翁失马，焉知非福？

思考：有另一种思路，你有吗？

中国人对于幸福婚姻的理解是“从一而终”和“白头偕老”。

美丽的理想。

但现实是：事实很残酷，中国现在的离婚率（尤其城市）居高不下。

2. 逆向立论：婚姻并不重要

在20世纪的科学发明里，避孕药被认为是最重要的发明之一。西方的评论家哲学家是这样认为的：避孕药使人类的性活动由生儿育女，转化为一种两性之间的纯娱乐的活动。也就是说，以前男女之间的性活动很难跟生儿育女分开，而有了控制生育的科学技术手段之后，要不要小孩，人是可以自主的。

那么，我们现在所要分析的，是传统的婚姻理念已经不知不觉地解体或部分解体了，“泛婚姻”开始出现。托夫勒早在20年前就提出：进入信息时代之后，人类的婚姻将会多元化，比如说，会产生没有领执照的婚姻，也就是婚外同居，两个人只要把公司的业务经营起来就行了。这种观点是对婚姻多元化的一种新的解释。

相对于结婚、生子这种主流状况而言，这显然是一种非主流状态。但情况似乎慢慢在发生变化，比如阶段性婚姻的出现。

阶段性婚姻已经成为中国社会的一种非常普遍的现象。例如未婚同居，它和法律婚姻并没有太大的实质性区别，都是把“公司”经营起来，区别仅在于有没有领执照，有没有生儿育女；而在后一问题上，也已有越来越多的年轻人认同不要小孩的观点，这也是丁克家庭越来越频繁出现的原因。

按照托夫勒的构想，人类的婚姻还有多种多样，比如同性恋者也可以领养小孩，也可以构成一个家庭；还有再婚者的家庭；还有白头婚姻——两个老人可能都丧偶，都上了年纪，他们住在一起，互相陪伴、照应。他们并不需要传统意义上的婚姻，也不需要去登记。

3. 逆向理论后的调适：事实婚姻状态最重要

综上所述，我们现在所谓的婚姻——一个男人加一个女人，通过法律机构或教会的见证组建一个家庭，然后生育小孩，其实已经不再是一种常规。相反，更多的非常规的观念正在慢慢变成常规，比如上文提到的未婚同居、白头同居、同性同居，都是一种事实婚姻。事实上，像年轻人之间的这种试婚，也是社会进步的一种表现。站在人类历史的高度来看，婚姻是多元化的，我们的社会也是多元化的。比如在泸沽湖，就有一种阶段性的婚姻——走婚。当我们把眼界放开，从历史的纵坐标和世界的横坐标来看待婚姻的时候，就会推翻很多你原本认为是理所当然的东

金钱的奴隶

有这样一个笑话：有人用10枚金币把战俘约瑟夫赎了出来，还把女儿嫁给他，外加100枚金币的嫁妆。妻子经常拿这件事嘲笑他。约瑟夫感慨地说："我是一名彻头彻尾的战俘啊。有人用10枚金币给我赎回了自由，可是又让我当了100枚金币的奴隶！"

笔者按：现在中国流行"妻管严"，到处成立"怕协"（怕老婆协会），会员人满为患。请问：你是不是也得到了约瑟夫的那100个金币？

如果不是，我祝贺你；

如果是，我同情你。

西，就能跳过很多常识的陷阱，比如说：你能意识到在不应该结婚的时候不要结婚，试婚也是很好的……

总而言之，婚姻的形式并不重要，你的事实婚姻状态好不好，才是更重要的。

五、职业重要吗？

1. 常规立论：职业很重要

职业就是你在这个世界上一辈子主要从事的一件事。

职业，至少有两层含义，第一，你靠它为生，也就是“为稻粱谋”、“为五斗米折腰”，为了生存必须要做的。多数人选择职业，并不是因为它好玩，而是因为它是必须的。

其二，现在大家对职业的理解，往往停留在有一个正规的单位，有一个不变的“岗位”，以及有一份固定的薪水。比如说，现在有一些年轻人，没有当公务员，也没有在一个相对固定的公司领一份固定的工资，而是一个SOHO族——在家赚钱。他们当中有书画家、个体写作者、广告人、网店卖家，还有在家里做各种各样创意性的艺术品工作的人。认为这些人没有固定的职业、是无业游民的观点，其实是错误的。

2. 逆向立论：职业并不重要

中国在上世纪五六十年代的时候，曾经发明了一个词汇，叫做“单位”。单位就是像手表一样的一个机器，所有人都要被安装在这个机器上面。而实际上，手表未必需要这么多零件，已有的元件已经足够支持这只手表的运转了。而有些零件也未必就是安装在手表这个机器上才能发挥最大的功用和价值。所以，从职业选择来说，我们首先要打破“单位”观念。

还有一种叫“阶段性就业”。举例来说，你在大学里选的专业是会计，于是你自然而然地成了一名会计师。可是后来你发觉自己有画画的天分，那么，通过你的努力，你可能成为一名书画家。再隔一段时间，你可能发现，书画并不是你的专长，你自己更喜欢玄学，于是你就去研究《易经》了，并成为了一个易学研究者。

3. 逆向立论后的调适：适合你的职业才重要

首先，职业应该成为一种爱好或者专长。比如说，爱因斯坦在学校学习某些学科时成绩常常不及格，一塌糊涂。但是，在物理学这一块，他就是一个超级巨星，一个真正的天才。所以职业应该是你的一种长处，或者说，每个人在选择职业的时候或多或少地发挥了自己的长处。

其次，职业可以是不断变动和调适的。也就是说，不同的人生阶段，你可能有不同的爱好，然后你有意识地去接触它，它就有可能不仅仅只是你的爱好，而成为你谋生的手段、你的职业了。所以，一辈子有不同的职业，并由这种阶段性的职业构成一个丰富多彩的人生，这也是无可厚非，甚至是有趣的。试想，假如一个人一辈子都在一所中学里教书，一辈子都在一个办公室里当秘书，一辈子都在某个机关里当科员，拿一份工资，老此一生直到退休，又有什么乐趣可言？

第九章 硬件 优化：肉体使用三大秘笈

一、生命之延长

1. 要长命

我采访过许多长寿老人，他们各有各的秘诀（这些内容将会在我的下一本书里面详细谈到），但还是从一则流传甚广的笑话说起吧：

话说皇帝寻求长寿秘诀，从天下召集来4个99岁的老人。

皇帝问他们长寿秘诀。

甲老头：饭后百步走，活到九十九；

乙老头：睡前一杯酒，活到九十九；

丙老头：遇事不发愁，活到九十九。

丁老头死也不肯说，皇帝封官许愿、赐他即使说错也无罪之后，老头终于开腔：老婆长得丑，活到九十九。

长命是每一个人的理想。只看从秦始皇开始，中国有多少帝王死于“不死之药”的含汞的“金丹”，就可见一斑了。

前些年，饶宗颐先生曾经说过，“我比较节约能源，我慢慢

人生最重要的，
无非是健康、长寿、
智慧、快乐。

地烧，所以我能烧到今天80多岁，而且看来还不错。”现在饶老已经90多岁了，这根蜡烛还在燃烧。我自己能够燃烧多久，我不知道，但是我的状态也有点相似，比较文弱，讲究“文火慢煎”，以此来追求长寿。

中国古人的养生方法，讲究以柔克刚、上善若水以及所谓“龟息”。“龟息术”是中国的古人利用仿生学原理发明的一种养生术。按我自己的体会，龟息不仅可以提升吸入的氧气量，而且可以养成一种气定神闲的生活态度。有了这种生活态度，做事就会从容不迫，成功的几率也会更高。

2. 要健康

民间说，假药不治真病；中医说，大医治未病；《黄帝内经》说，“神与形具”。智者知道自然的规律，能够遵循这种规律，最后达到“神与形具，度百年乃去”。这就好像虫子吃树叶一样，如果叶子被吃掉了，就不能被修补，但如果能够在虫子出来之前先消灭它，事情就不一样了。同理，吃补药好过吃苦药。

这是其一；

其二，生命在于适度运动。

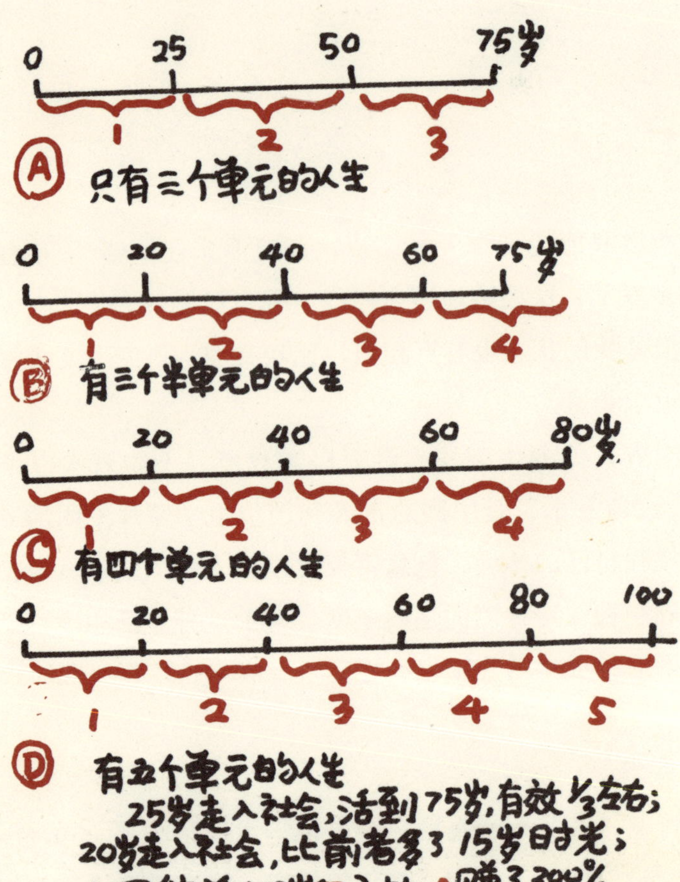
0 25 50 75岁
1 2 3
A 只有三个单元的人生
0 20 40 60 75岁
1 2 3 4
B 有三个半单元的人生
0 20 40 60 80岁
1 2 3 4
C 有四个单元的人生
0 20 40 60 80 100
1 2 3 4 5
D 有五个单元的人生
25岁走入社会，活到75岁，有效1/3左右；
20岁走入社会，比前者多了15岁时光；
如果能活100岁(D)，比A赚了200%

如何比平常人多活一倍？

人们常说“生命在于运动”，但西方定义的“运动”往往是指剧烈运动，如果遵照办理，则往往造成过度运动，而如果运动过度，就会造成“机器”的磨损。

其三，健康在于运动和休闲打成一片（而不是割裂）。

对于休闲和运动，多数人的认识现在还在误区当中，所以他们专门找时间去打球、跑步、健身。其实，任何时候都可以运动，任何时候都可以休闲，任何时候都是禅宗。处在一种很平静的状态的时候就是休息，从容上楼梯的时候就是运动……当我们的运动、休闲与平常生活浑然一体的时候，我们的时间就平空比别人多出一倍，在行走、坐卧当中，已经兼具了运动、休闲、思考的功能。

其四，健康在于身心的有机联动调适。

古人曾经仔细研究过龟之所以长寿（龟通常的寿命是200岁以上）的原因。一两百年前，西方科学家才发现龟长寿的秘密在于它的呼吸、心跳很慢，而这一点，中国的古人们在2000多年前就已经证实了，而且还把这种龟息术应用到实践当中。所以，在健康兼长寿方面，许多人甚至提出“生命在于静止”的口号，所根据的正是“龟息术”。

龟息术有两个层次，一个是浅层次的，一个是深层次。

深层次的龟息术太专业，有一点类似印度的瑜伽术。在此忽略不说。

不妨说说浅层次的。我们通常的呼吸大概是约14次/分钟，脉搏是约70次/分钟，但练了深层次的龟息术后，每分钟的呼吸可以减到五六次或者七八次，脉搏可以降低到30次甚至20次，如同汽车低速运转，省了很多汽油，所以能够走更长的路程。普通人能够效仿的龟息术其实是准龟息术，不是专业的龟息术。准龟息术包括深呼吸，这是每个人都可以做的：睡觉时尽量把气吸到丹田，稍停留，然后再慢慢地呼出。如果每天睡觉前都做10分钟这样的练习，并养成习惯，能帮助延长寿命。准龟息术的效应不仅仅在于这10分钟，而在于习惯成自然，让你经常保持轻松的状态，而且它对于治疗心理紧张、抑郁、心理疲劳都有重要的作用。

现代科学已经证明了古人的一个理论：人的身体是按照心理的指令来生产和修复的。人的肉体是一部非常完整、严密的高级机器。当心理下达一个正确的命令，身体就会分泌出正确的激素，让你往健康方面发展。所以一个女人如果很有喜神，眉开眼笑的，她就有旺夫之相；一个男人如果很有喜神，他可能就是一个成功人士，因为他保持一颗快乐的心，保持健康的心灵和肉体。在健康的心灵和肉体作用下，人不但能够长寿，而且常常能够做出正确的判断，甚至是智慧的决断，效率极高，能够让自己的生命具有高质量。

龟息这样一种技术，从一种很小的呼吸吐纳法入手，让人学会放松，不断地让快乐的心灵去指挥肉体，尽量释放出快乐的因子，身体因此一直处于健康状态，既长寿又快乐。这是一种理想的人生状态。因此，龟息术说起来虽小，但它的意义大矣哉。

二、事务之取舍

人生当中，有些事情是不必要的。比方说，所谓敬业，其实很多人把它变成了勤业，每天都在办公室里面勤勤恳恳、兢兢业业地工作，但是如果这么做并不能提高工作效率，那就是无用的，这是第一；第二，在行动之前先想一想，这件事情做得有没有意义，如果这件事情根本就没有意义，那么，你把它做足一百分，也是南辕北辙，如果做足两百分，那么，你离正道反而更远了。我们把一天分成3个8小时，首先要保障的是睡眠8小时，其次我们可以用聚焦术，用最短的时间做最有效的事情，以上班族为例，工作内的8小时是不能动的，但是如果我们把工作提前完成了，就可以用多出来的时间进修、“充电”。

很多时候做事要学会加法和减法，减法比加法更重要，也就是说做事要有取舍——急事优先，大事优先，比较麻烦的事情先做完、做好。做事的效率很重要，事情不在于做得多，主要在于做得对。手电筒的光只能用来照明，但如果聚焦成激光的话就能切割钻石。

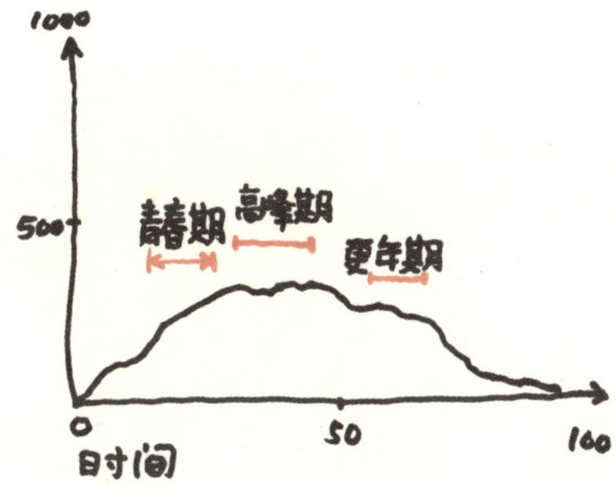

三、“换挡”与“减压”

1. 换挡

如果我们把生命看成是一辆汽车的话，那么其中有两个特殊时期：青春期和更年期。青春期是汽车的启动、加速期，更年期则是刹车、安全着陆期。很多人忽略了在更年期对身体和心理的调整，因此出现很多问题。

这是人生生理周期的“变速换挡”。

其次，是技术层面上的一时一事的“变速换挡”。

我本人的“老师缘”一向出奇的好，好几个不同领域的老师都是非常了不起的大师，他们不但教给我一些学问，还教给我一些生活的知识。例如一个老师教给我上楼梯的方法，他告诉我上楼梯的时候要踮着脚尖走路。以前我每次爬楼梯，回到家的时候老喘气，老师就跟我说不用赶得那么急，可以放慢一点。而且，走楼梯的时候如果用整个脚掌走路，那脚的每一处都要分到一些力气，如果把力气集中放到脚尖，那么就可以轻轻松松的爬楼梯。这样一来，本来是浪费时间、精力的爬楼梯，我们完全把它利用起来了。很多人去打羽毛球、打网球、健身，何必呢？其实踮着脚尖上楼梯就已经是对身体最好的锻炼了。

2. 减压

人生好比一把弓，不能拉得太满。

在健康养生方面，留有余裕是很重要的观念。如果口袋里有10块钱，你出去就会紧张，可能连打车的勇气都没有；口袋里有

100块钱，你就会放心一点；如果你有1000块钱，你就理直气壮；如果有10000块，走到哪里你都很宽松。人的精力也是这样的，一定要给自己留点余地，悠悠逍遥，悠哉游哉，自然健康长寿。

但“减压”不等于不需压力，有时候，甚至还需要“加压”，一减一加，犹如太极图，阴阳平衡。

我有一个朋友是位名医，他曾建议孕妇要尽量自然分娩。很多产妇都倾向于剖腹产，但美国和日本做过一个调查，发现剖腹产的小孩发育到14个月时，智商和情商不如自然分娩的小孩。这是因为他们没有经过产道这条必要的“时空隧道”，而且也没有经过这种必要的“压力加工”，可见自然分娩对孩子是很重要的。

所以，人不能太娇。我们经常说温室里的花朵，经不起风吹雨打，在生活方式上尽量不要太娇纵自己。吃精粮不如吃粗粮。对于身怀六甲的女性，尤其不能太娇惯，不能整天在家里一动不动，可以适当地做些家务，参与一些劳动。上文所提到的这位医生也曾建议很多产妇每天蹲着擦地板，这样可以把盆腔拉开。孕妇体内的小孩在发育的时候，盆骨内的筋也是在发育的，经常蹲着活动有利于筋的发育，最后生产的时候就会非常顺利。

人生最重要的，无非是健康、长寿、智慧、快乐。智慧无所不在，经常隐藏在一些日常的细节当中。

“胸无大志”

有一个小学三年级的学生，在作文中说他将来的志愿是当小丑。一位老师批评道：“胸无大志，孺子不可教也！”另外一名老师看到这篇作文后则说：“祝贺你，你将会把欢笑带给这个苦难的世界！”

笔者按：我小时候看戏，生旦净末丑，我最喜欢丑，因为生活常常有太多的苦涩，需要糖、甘草或味精来调和。

第十章 软件优化：灵魂使用三大要领

一、换位思考

首先讲一个笑话。有一个男人回家，发现另外一个男人跟他的妻子睡在一张床上。妻子的情人就跟他谈条件，说："这样吧，你也不要打我，也别跟我要那么多补偿费，我喜欢你老婆，就让她嫁给我吧！"男人说："那怎么行，是我的老婆，怎么能让她嫁给你呢？"情人就说："我现在偷你老婆自然是不对的，不过她嫁给我以后你可以去偷她，那就是去偷我老婆了。"这个男人一想很合算啊，就答应了。

你早上给猴子3个果子，晚上给4个，猴子不开心；换过来，你早上给它4个，晚上给它3个，它就很开心。人类和猴子其实差不多，自己的老婆被人家偷了，觉得很吃亏，去偷人家的老婆，就觉得很快乐，这就是人类的思维。

捷克有个作家说过"人类一思考，上帝就发笑"。我补充一句，"人类不思考，上帝便叹气"，思考不对，不思考也不对，所以不如理性的思考和直觉两者交叉进行。

再说一个笑话。有人说，情人是不可取代的。妻子不信邪，

人们在使用自己的灵魂的时候，经常会走入各种误区，经常会执迷于各种习惯性思维，由此而带来种种苦恼。实际上，当你换一种思维方式去面对现实的时候，你就会豁然开朗，觉得一切都变了，一切痛苦和烦恼已如过往烟云。

问丈夫："你为什么对情人那么好，对我就那么不好？情人能做到的我也能做到。"丈夫就说："那我们试一试，今天晚上我就不按正常时间睡觉，我深夜时爬窗户进来好不好？"妻子说："好，那就试一试。"到了半夜，丈夫从窗户爬进来，不小心把暖瓶给碰坏了。妻子暴跳如雷："蠢货！这个暖瓶是刚买的。"丈夫说："你看，这就不同了吧。"

鲁迅有一部作品叫《过客》，里面说到，行人去向一个小孩问路，小孩告诉他，前面有一片长满鲜花的土地；他又去问老人，老人告诉他，前面有一座埋着死人的坟墓。但行人既不认为那是花地，也不认为那是坟墓，他说那是一片带有坟墓的花地，或者说是长着鲜花的坟墓。这样看来，人生其实是苦乐与共的，不必太悲观。

二、桶底脱落

人在世界上生存，西方叫做“背负十字架”；佛教说有“四大苦谛”（指生老病死）。到底是谁束缚了你呢？其实是你自己。我们大家都很累。之所以如此，是因为我们挑着两桶水，被这两桶水压得喘不过气来。这两桶水分别是什么呢？一桶叫做压力，一桶叫做苦恼。

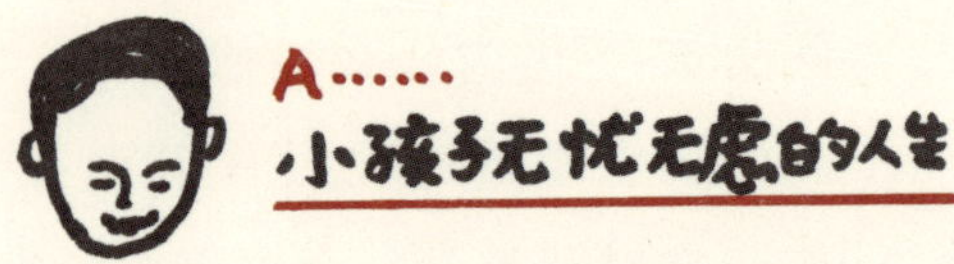
A……
小孩子无忧无虑的人生

在禅宗典故里，神秀说“身是菩提树，心如明镜台，时时勤拂拭，勿使惹尘埃”，这是讲求渐修。但渐修是把水一瓢一瓢地往外舀，它减轻压力的速度还是比较慢的。如果用六祖慧能的方法呢？很简单，你拿一根棍子，把水桶直接给捅穿好了，桶里的水霎时流出来，瞬间你就觉得全身都轻松了，这就是桶底脱落。我想人生的补救之道，最好就是用桶底脱落。

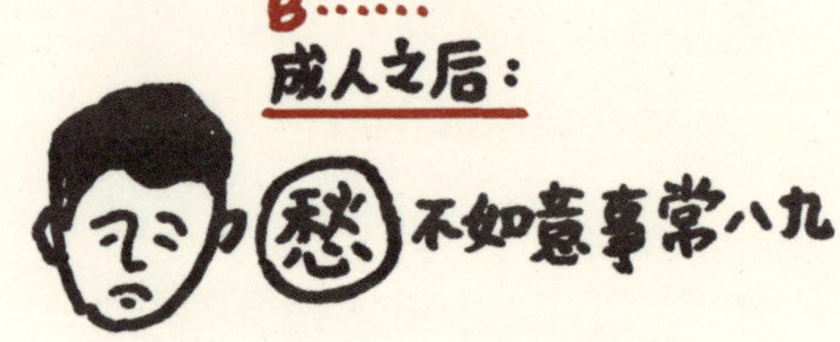
B……
成人之后：
愁
不如意事常八九

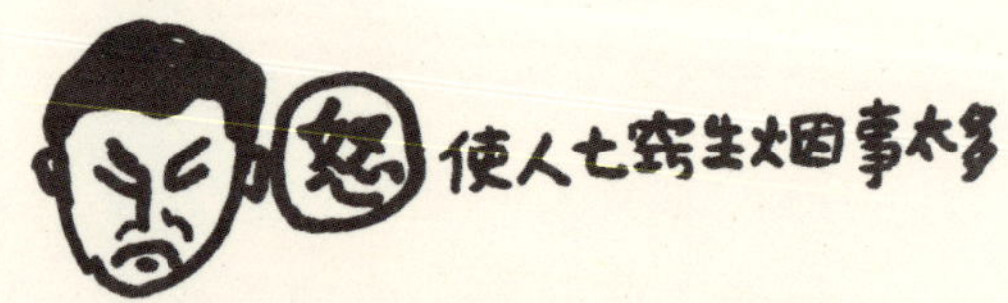
怒
使人七窍生烟因事太多

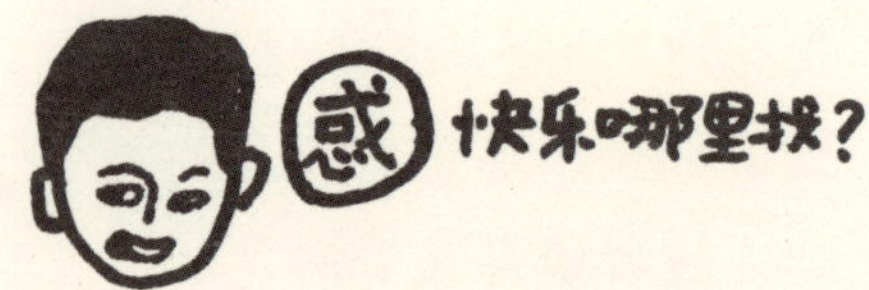
惑
快乐哪里找？

困难重々人生路

桶底脱落后，你发觉原来人生是可以这么轻松的。确实，心里没有事、没有挂碍，自然就会一身轻了。“人若春鸿事若梦，镜中白驹心中天”，人要像春天的鸟一样，向一个合适的方向飞过去；事情要像做梦一样，醒来了就没有了，或者像镜里的白马那样——这匹白马跑过去以后镜子又恢复空荡。人的心灵要像水里的天，丢一块石头有波纹，过后它又平静了，这样你才会快乐。

禅宗有两句话，我觉得非常重要——“日日求生，时时可死”。这是一种非常高的境界。我们每时每刻都在为生存而努力，但是必须有一个前提：做好死亡的准备。也就是要想清楚，此刻有没有什么身后事是没有做完的，有没有什么最想做的事情是还没有做成的。当你处理好这些问题之后，就可以彻底放松了，不怕了。

人要让自己快乐起来，不做对不起自己和他人的事情，送人鲜花手有余香，只要是一个快乐的人，那自己本身就是一个吉祥物，也就不必考虑在家里摆一个吉祥物之类的。快乐是可以传染的，因此尽量做一个快乐的“病原体”。授人以乐，自得其乐，如果每一天都是快乐的“病原体”，那么你这一辈子都是快乐的，而且能让别人也很快乐。

三、心灵刷新

先来看一则禅宗公案：三祖曾请求二祖去除他的束缚。二祖问他的束缚在哪里，三祖想了半天，答道：没有束缚。二祖说，我已经帮你去了束缚了。

我们的心为什么会觉得累？是因为心像一个垃圾筐一样，装着很多无用的东西。好的心境像一块明镜，事情来的时候，镜子里面有影子，事情走了之后，镜子归于空白。

心灵刷新术的原理和电脑的刷新是一个道理。心灵疲惫的时候就刷新一下。具体怎么做？并不难。比如整个上午都坐在电脑跟前工作，效率是很低的，而且容易让人的身心疲惫。如果能每个小时休息5分钟，相当于每个小时刷新一次，这样便会觉得全身上下从里到外都焕然一新，效率也会提高。

人生最高境界是：无忌、无碍、无忧，这基本上是《心经》的全部精神。《心经》是佛经当中的佛经，精髓当中的精髓，基本上是这么一个概念——“空”。观音到达彼岸之后，感觉到所有的东西都是空的。但“空”不等于没有，空只是一种表现形式。因为观音得到了这种最高的智慧，所以他心里没有挂碍，不会挂念很多东西。

在这里可以给大家讲一个有趣的公案：过去的禅师要互相考试。有个叫玄机的尼姑听说有个叫雪峰的和尚很厉害，就想去考考他。她对雪峰说，太阳出来了，就会把你雪峰熔却了。雪峰没吭声。玄机转身走了。雪峰跟上她，问：你今天织了几匹布？玄机回答：一丝不挂。表明自己心里一点杂念都没有。雪峰又没吭气。玄机很得意，继续往庙外走，以为斗法赢了。忽然雪峰大喊一声：玄机，你的袈裟拖地了。玄机马上回头，雪峰哈哈大笑。玄妙之处在哪里呢？在于玄机自称一丝不挂，那就意味着她身上没有穿东西了，可是一听到雪峰说“袈裟拖地”，她立刻习惯性地回头审视，这就中计了，说明她心里还挂念着她的袈裟。

快乐的人生，应该在变化中求不变，去找那些自己能够控制的东西。“生年不满百，常怀千岁忧”，这就是对变化心怀恐惧。

禅宗的云门三关，分别是“涵盖乾坤”、“截断众流”、“随波逐流”。“涵盖乾坤”是首先能够了解整个天下，能够高屋建瓴；“截断众流”是要你首先把自己的电脑格式化，脑子里头不要装那么多东西。最后是“随波逐流”，顺应变化。

人生的三个阶段或者三个境界实际上就是一个不断刷新的过程。第一个叫“未经沧海皆为水”，就像一个平头百姓，见到任何一个小官员都会肃然起敬；第二阶段是“曾经沧海难为水”，见过县委书记了，就觉得生产队长太小了；第三阶段是“曾经沧海仍为水”，虽然见过大海，但是能理解大河有大河的道理，小河有小河的道理，就算跟总书记照过相、握过手，也还是很尊重村里的生产队长。这就是说，眼界决定了一个人的胸怀、胆识和智慧。

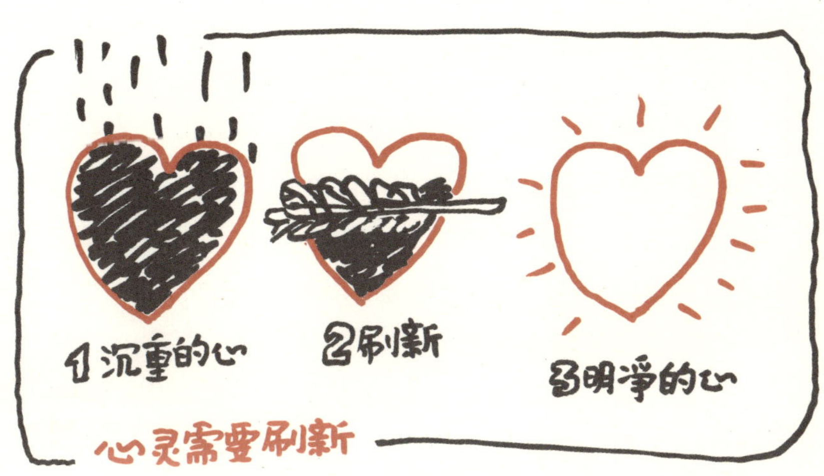

第十一章 操作

方式优化：正确使用生命的四大技术

一、做事聚焦术

做事情要聚焦，是指每一个时限只做好一件事，这件事力求一次做对做好，应该以一当十，而不是以十当一。

二、终身充电术

终身充电主要讲的是终身学习。为什么要终身学习呢？打一个比方，人如果是一个便携机器——比如手提电脑、MP3、MP4、手机等，就需要不断地补充能源；其次，就像电脑、电视还需要不断地更新节目一样，人的一辈子也要不停地接受新东西。现在有些人有种误解，认为学习就是读书，而读书是青少年的事情，只要读完大学，成为硕士、博士，那就非常了不

生命延长术有两种，一是物理地拉大长度，别人活到75岁，你就活到100岁；二是早切入社会。现在的年轻人正常读完书，一般要花25年的时间，如果能在大二的时候就开始体验社会，那么到毕业的时候对社会就会有一个比较清晰的认识和准确的自我定位。顺便提一句，我认为现在的年轻人读书一口气读到博士是不对的，首先要工作，工作一两年之后再读硕士、博士，这样才能以最高的效率学习书本知识和社会经验。

起了。这就好比马厩里一匹刚受训的战马，踌躇满志，以为一上战场就能驰骋天下了，其实这些在马厩里头养大的马何尝知道战场的复杂——炮火连天，道路泥泞，战场形势瞬息万变，敌人凶狠狡猾，同类之间的互相猜忌、不配合，甚至互相争斗等等。

人生是极其复杂的，如果以为离开学校就完成了学习，这个是大错特错了。

因为人一辈子需要的知识实在是太多了。求学这一段人生就像蚕吃树叶这个阶段一样，是在为吐丝进行积累，接着就是成蛹期，为自己做一个茧，静悄悄地蛰伏在里头，我们可以把这理解为“修炼”——当然，春蚕跟人是不一样的，蚕化蝶之后，再经过短暂的交配产子，然后便死了。人生可没有这么简单。人的成虫期是非常长的，晚年也可以是非常长的。所以，离开学校其实是把你吃进去的树叶慢慢变成丝，慢慢地吐，可能一直会吐到死为止。一个人的智慧的分泌是可以伴随终身的，就算是在死的那一天都很可能还在学习，在输出。

中国古人一般将人生分为三阶段：年轻的时候学儒学，为的是精进——就像一辆安了发动机的汽车，一路飞奔；中年的时候学道学，因为他觉得光跑得快还不够，还得要学会如何闪避路上的凶险，这就是一些道术了；到了晚年，觉得一些道术也还不是真正的大道，真正的大道应该是老子说的“道”和佛教说的“慧”的结合，两者是相通的，于是开始重新学习。可能对他来说，最终不是跑得快不快的问题，而是需要跑哪些地方，向什么方向，甚至想要可以停下来欣赏路边的风景。

中国古人把这种精进做得非常极致，把达到一种辉煌的终点看得非常重要，也就是儒家的那九个字“修身齐家治国平天下”，终极目的是为了平天下——当上中央委员或政治局委员。假如达不到这样的目的，古人还有两句话：“达则兼济天下，退则独善其身”，就是说，当你不能成为中央委员或者中央政治局委员的时候，那么至少要让你自己成为一个好公民，这个修养也非常重要。试想，如果世界上每一个人都能独善其身，全球60多亿生灵就是60多亿觉悟了的佛陀，难道这个世界还会有战争、动乱吗？

如何独善其身呢？孔子说过，“四十不惑、五十知天命、六十耳顺”。30岁之前经常上当受骗，在40－50岁之间，你就不容易迷惑了，不容易被外界所诱哄，这时候就慢慢地知天命，知道我到这个世界上来是干什么的（到这个世界上来其实有两重意义：一是让自己过得好，有意义，在人生的旅途中，内心能时时感到很快乐，这种快乐照亮了你自己；另一重意义是当你真正能够照亮自己的时候，那么这种光明是一种善光，也能够照亮别人和世界）。虽然知天命了，但还是经常有烦恼。因为你只是在大是大非的问题上想通了，但遇到一些具体的麻烦，有时还是不能排解的。比如一个德行很高的人，忽然被一辆自行车无端撞了一下，结果对方不道歉，反而出言不逊。这时候，作为一个普通人，哪怕不跟他吵架，心里头也会觉得受了一股窝囊气，憋在心里。这种不快乐会持续好一会。这就是不能做到耳顺了，真正的耳顺，是各种各样的干扰都不能进入我的内心。因此，在这个意义上说，人生的历练、充电其实是一辈子的。

那么如何完成这种历练呢，我提出三点：读万卷书、行万里路、阅万种人。这三个“万”是不可或缺的，不妨可以叫做“人生三万定律”。

1. 读书

书是前人的知识和智慧的一个载体，是前人留给我们的遗产。这正是读书之所以非常重要的原因所在。仅以中国为例，3000年的历史所留下来的书，可谓浩如烟海。那么人的一生能读多少本书呢？有一个西方的学者统计过，一个人的一生最多能读一千本书——如果你真正用心去读的话。这已经是一个极大的数字了，而我们一般人是做不到的，也就是说，一辈子真正能够读进去的，也不过几百本书而已。

但我们还要弄清对“读书”这个概念的理解。“读书”不仅仅是指读平面印刷的文字。我们在这里所说的书，是大概念的书，包含了书、杂志、报刊、电视、网络，还有各种音像制品，也就是说，除了文字之外，可能还有画面、声音等等。我们应该通过它们来不断地丰富自己，这就是读万卷书。

学校里的老师给你安装了最必不可少的软件。当离开学校走入社会后，你会需要更多更多的软件和更多更多的新知识。而与我们走向社会同时，世界也在前进，每一时刻都可能增加了新的知识，所以，如果要成为一个有知识、有智慧的人，成为一个不被世界抛弃的人，你也必须不断更新你的知识，哪怕是一些间接的知识，也对提升你的素质大有好处。

那么面对大量的书，我们该怎么读呢？第一，你要选择最好的书来读。古人曾说：“取法乎上，得乎中；取法乎中，得乎下。”你向最好的学习，打个折扣之后，你可能得到九十分；如果你选的只是一本六十分的书，就算吸收得再多，可能得到的也只有五十分。所以首先要选最好的书来读。那什么是最好的书呢？有几类：一类就是属于经典的，必读的。比如说，各个门类的名著：历史的、文学的、哲学的等等，找重量级的、大师级的、权威级的来读，淘汰掉那些非常一般的、收获不大的书。其次，一些你急需的书。比如说，你现在要学炒菜，就买炒菜类的书来读；你要维修汽车，就买怎么维修汽车这样的书来读，这是属于实用主用的选题；第三类呢，是属于你最感兴趣的书。有些经典，其实你未必感兴趣，基于“兴趣才是最好的老师”这一前提，那些让你怦然心动、能够吸引你的书，你应该把它找来读。

第二，当你进入一本书的时候，你该怎么去读它？这里也有技巧，就是关于读书的方法。打开一本书后，你如果按部就班，从目录、第一页开始一直读到最后一页，你很可能就会发觉自己已经浪费时间了，因为这本书根本不值得你如此细读。所以我们读书多了，一般都会总结出一个经验，就是拿到一本书后，首先看一下书名、作者介绍，大概得出个印象，判断这是本怎么样的书，什么档次的书；接着，看看目录，了解一下全书内容的一个基本结构、基本框架；第三就是看它可能有的前言、后记、别人的介绍或是作者自己的介绍，以及后面可能有的作者自己的补充或者是其他人（如译者）等等的一个介绍，以便完成对这本书的一个大概了解。

当然，光看皮、光看骨头还不行，你应该要再挑几块肉尝一尝。这就好比你买水果，你光是看它的样子、品种、产地可能还不够，你还得从那串葡萄上至少摘下一颗来试一试，尝一尝味道如何，才能决定是否购买。如果经过这样从书名、作者介绍、目录、前言、后记和跳读几章的程序，发觉它确实能够吸引你，那么你着手细读，才不至于浪费功夫、浪费时间、浪费生命。

第三层意思是，“进去”后，又该用什么方法读最合适。这也分两种情况。一种是，你觉得它从头到尾都是值得读的，那好，你顺着读；第二种呢，你分析了目录之后，发觉只有其中的一部分内容是你所需要的，那么你就挑出相关的重点章节来读，至于其他那些你认为不很重要的部分，其实很快就可以跳过去，简而言之，就是重点读结合略读这种方式。

顺便就说到我个人以前进行小说创作时常用的一种方法。写小说有各种各样的方法，多数的人是推式写作，也就是说，从开头一直写到结尾。但是我更多采用板块结构，将全书分成若干个板块，想清楚，然后下笔。下笔时可能会从开头写起，可能会从结尾入手，可能会从中间最重要最有趣的那章落笔，或者从我觉得写起来最轻松的那章着手，等等。阅读的道理其实也是相同的，那就是面对一本书，你可能先乱翻，翻完以后，再想细读的话，就不一定非得按着次序来了。总之是读书不拘一法，每一本书都有各自的“看”法，各自的读法或学习的方法。

第四,一本书，读的过程中和读完之后，需要做一些什么样的处理？就这个问题，我特别建议对好书，读的时候最好或是在书上做一些记号，写一些关键词在旁边，做一些提示、提要、批示，或是做一些小笔记，记录下你阅读过程中的心得，把它粘到这本书的后面。那么，当你下次再翻开这本书的时候，你就会回忆起你第一次读的时候曾经有过什么印象，得到了一些什么启示，它的要点是什么，等等。也就是说，书是一个智慧的种子，在你这发芽，那么你忽然觉得受到启发了，脑袋里灵光一闪。顾名思义，“灵光”像闪电一样，你不记，它就过去了。在这个意义上说，读书笔记不一定要多，而是要精，也许几个关键词、几句话，就把你对书本内容的印象给保留下来了。

一本书读完以后，就算告一段落了吗？未必。假如是一本好书，那它就不应该是只读一次的。借用一个典故，北宋文学家欧阳修曾经说过，他的诗词是在三个“上”写出来的：马上、厕上、床上。读书也同理。如果从充分利用时间这个角度来讲，有一些“枕边书”或是所谓“心灵鸡汤”之类比较轻松的，不影响你睡眠的书，其实是可以放在床头来看的，而那些有趣又比较不重要的书，如一些笑话等，则可以放到洗手间或是在坐地铁之类比较平稳的交通工具时读。

通过这些利用时间的方式，坚持一段时间的阅读后，你会发现，虽然自己看似只是利用了点滴时间来读书，但是其实积小成大，积少成多，已经取得了不少进展了。知识的积累就是这样，就像盖房子，一块砖、一片瓦地慢慢垒起来。

第五个层次的意思在于记忆。我们常常误以为有些人“读书破万卷，记性如有神”，其实细一分析，会发觉其实并不是这么回事，这中间是有一些技巧的。人类有一个遗忘的“曲线规律”，就以背英语单词为例，如果平均每五天去背一个单词，你可能花了五次功夫还是没有真正记住它。根据“遗忘曲线”的规律，你最好这样记忆：开始的时候，第一次和第二次间隔的时间要短，第二次略长一点，第三次更长一点，一般经过四次后，差不多就记住了。所以好的书千万不要只读一遍，应该隔三差五地按照“遗忘曲线”的规律多翻阅它几遍，应该就能印象深刻了。所以孔子讲他的学习心得是：“学而时习之，不亦说乎。”学是指学习、模仿、吸收、阅读；习是什么？习是重温、温习、回头去看。这两者是需要结合的。所以善于读书的人常在床头或者书架上放着那几本近期要读的书，然后根据“遗忘曲线”的规律，多次地读它。

最后还要谈谈读书的另外两种各自不同、各有优点的方法。一种是属于做专门研究的读书法。比如说如果你在某个时期集中研究某一个哲学问题，或者研究某位画家，你就要阅读大量资料，以便了解与该哲学命题相关的既有研究，或是了解相关画作的特点，画家本人的生平等等，这就是一种比较专门的阅读了。还有另外一种不同的方法，是跟这个相区别的，那就是交叉读书法。比如这段时间可以就某个方向进行重点阅读，但同时交叉着其他方向的阅读，也就是说，可能还有几个非重点方向的阅读同时并存。比如你某段时间必须重点进行哲学方面的阅读，这是一种很费脑筋、有时还很枯燥的阅读方向，那就可以同时读其他几类不同的书，可能是一本医书，也可能是一本关于发明的书等等，穿插着看。这样，几个重点，几个非重点，互相调剂着，必定能减少枯燥感，刺激你每一次阅读的兴奋度。这种方法有时反而能收到事半功倍的效果。也就是说，在你深入集中精力研究一个方向的同时，你已经在关注其他许多不同的点。之后，“春种秋收”，当你拿起一本书架上的书，也许你最初只是信手把它拈出来随便翻翻而已的，但忽然你发觉书中的某方面内容对你非常有启发，结果，这本书很可能就成为你下次研究的重点。正所谓“草蛇灰线”，那条在草地里爬的蛇也许并没有十二丈长，可是，它爬过的这条路很长，它留下了一条线。知识的积累也是如此，有时候它可能是断断续续、不连贯的一条线，也就是说，它有一定的潜伏期（或者说是播种期），经历过这一时期之后，它才能发芽。还有另外一个好处就是，你很可能可以收获“无心插柳柳成荫”的惊喜，因为知识往往是互通、互相启发的。这一点在人类的科技发明史中也得到过验证：很多科学家的发明往往是在一个与他们原本的努力方向看似毫不相干的领域中诞生的。

如果掌握了这几个要点，那么你的读书就再也不会是死读书、读死书，而是读活书了。这是人生减少垃圾阅读，同时又能够高效阅读的基本技法。

2. 读天地

第二个“万”是行万里路。古人说百闻不如一见，我们出去行万里路，其实也就是在读天地这本书。为什么要读天地呢？天地是人们生存的物质环境，如果躲在屋里头，是无法完全体会这个环境的奇妙精彩的。古人有句格言：秀才不出门，全知天下事，这当然从某种意义上是对的，比如说依靠Google，我们现在想了解世界上的任何一个城市，尤其是主要城市，丝毫没有困难。从这个意义上来说，近代的科技实现了古人所说的“秀才不出门，全知天下事”。但是，这种“知”法还是间接的。

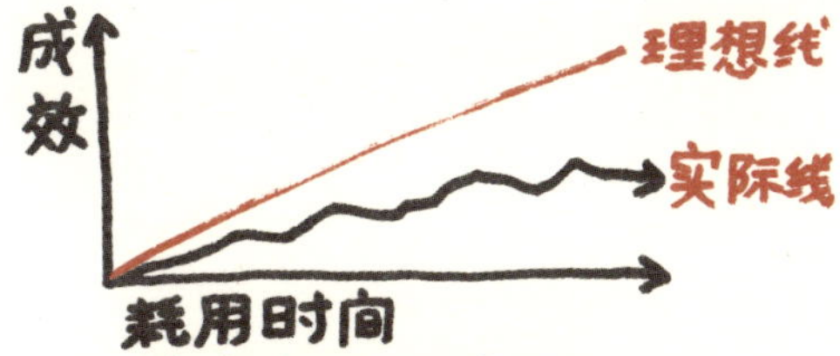

效率指示(指数图)

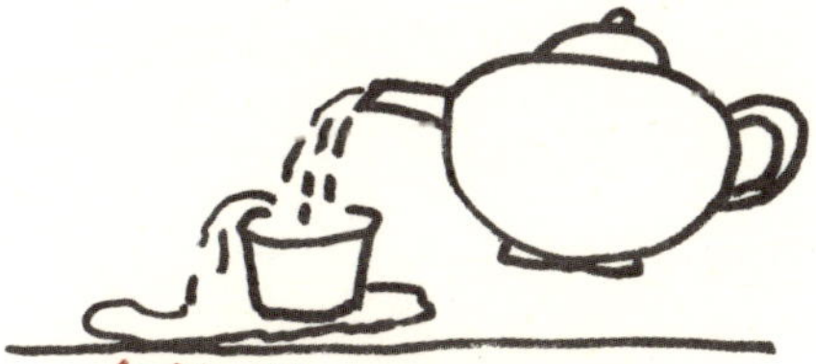
有效学习图(无效!)

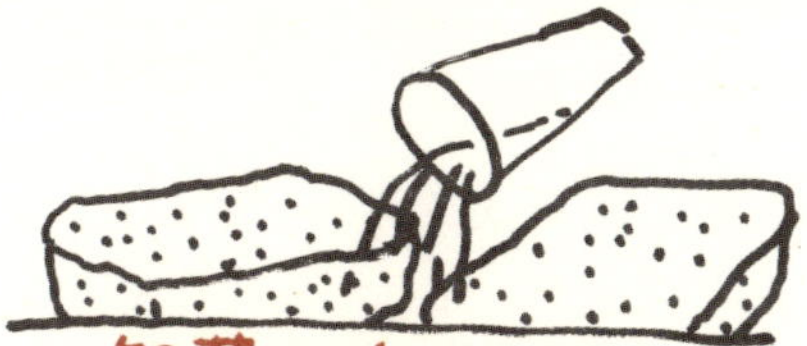
智慧的有效吸收

读万卷书不能替代行万里路，是因为天地的悠悠跟博大，不在现场是无法感受得到的。佛教有一句话：“一粒粟中藏须弥”。须弥山是一个巨大的世界，但从另一个角度看，一颗芝麻放大后也可以包含一个巨大的宇宙，一个人本身就是一个宇宙，甚至一个细胞就是一个宇宙，由此看来，地球的任何一个地方放大以后都会非常精彩。以一般意义上的旅游来说，除了娱乐你的身心，更主要的是还能让你在阅山、阅读这种大书的时候，有所体会——这种感觉任何时候都是书本所不可替代的。

举例说，一个座佛庙或者教

堂，虽然在电视上已经看过一百遍了，但假如你亲历现场，感觉仍会是完全崭新的，为什么呢？因为电视毕竟是电视，不可能像佛经《般若波罗密多心经》中所说的那样，“色声香味触法”。也就是说，进入寺庙或教堂后，你的眼睛会看到佛像的辉煌，十字架的凄冷；你的耳朵会听到各种各样的声音，比如钟声、念经的声音、祈祷的声音；你的鼻子会闻到佛庙里面燃烧蜡烛或香的特殊味道；你的手、身体会接触到冰凉的佛像，或是接受洗礼时凉凉的圣水；你心里会有诸多感受，有时候甚至会忽然心里头灵光一亮，等等。这就是实地感受跟间接感受的不同之处。

再举一个例子。如果你没到过西藏，你永远不能感受青藏高原的那种清凉、洁净，和人们那种令人心悸、心动的虔诚，你没有办法想象到天可以蓝得这么透明、洁净无尘；云可以像雪一样白、像银子一样发光；空气可以像过滤了无数遍那样的清醇。接触那里的宗教的时候，你才会知道在那种平寂的、荒无人烟的地方，宗教可以让人的生活过得这么顽强，甚至可以为了朝圣从青海一路磕头、用脑袋和四肢一段段丈量过来……这样顽强的人生、这样特殊的景象，会给你强烈无比的震撼。所以说，书本的知识永远代替不了真实的知识，只有旅游，你才能看到天下万象，感悟到天下之大，无奇不有。

总之，衣、食、住、行、玩，到世界的任何一个角落旅游，都可以让你耳目一新，而每走一趟，都是对你的阅历的巨大更新。世界上有这么多人口，每天每个人都可能分泌出一些新的知识，它们会成为人类总智慧当中的一朵朵浪花，如果你去追逐这片海洋里面所能看见的每朵浪花、每片贝壳，你就能体会到，离开了书本知识之后，看天看地看世界是多么快乐而且必要。

3. 读人

“读人”是我说的“三个万”——读万卷书，行万里路，阅万种人——的其中一个要点。阅人为什么那么重要？因为每个人进入社会之后，虽然也会跟物打交道，但是更主要的是在跟人打交道。跟人打交道其实就是在跟事情打交道，因为所有事情都是由人来做的。比如你在工作的时候，实际上是在和你的上司、你的同事、你的下属、你的客户以及你的人际网络里面的人打交道。嘉峪关戏楼有一副著名的对联——“离合悲欢演往事，愚贤忠佞认当场”，从这副对联可以看出人和事之间的关系。

但是在一般的观念里面，哪怕是在我们从小听过的童话故事里面，都认为这个世界上有两种人，一种是好人，一种是坏人。就连美国这种讲求实用主义的、尽量不搞概念化创作的国家，它所出产的好莱坞大片里面通常也只有黑和白两种人性符号。

其实这种观念是错误的。这个世界上的人基本上可以分为三大类：好人、坏人和不好不坏人，而且这三类人的分布是两头小中间大的。完全的好人，极致的好人，好到可以称之为“圣者”、成为像现代护理学的创始人南丁格尔那样可以被称之为“女圣人”的人，是几亿人当中才出一个的。极坏的人，也还是极少数。所以我们普通人在日常生活中，跟这两种人都很少打交道、接触。那么，就我们平常接触的人中，七分好、三分坏的，可以称之为好人；反之，七分坏、三分好的，或可以称之为坏人。这两种人，都还是有打交道的必要的。从好人身上，你学会了应该做什么，以及如何尽量做一个高尚的、有品位的人，做一个人生过得很有质量的人；而从坏人身上，你可以反面来阅读他，知道不应该做一个什么样的人，不应该怎样去过自己的人生。除此之外，这个世界上绝大多数的人是灰色的，是“斑马”，基本上都是优点跟缺点掺和在一起的。可能今天优点多一点，明天缺点多一点；在这个事情上优点多一点，在那个事情上缺点多一点——我们大量面对的就是这些人。

其实“阅万种人”的趣味，绝不亚于读万卷书或行万里路。因为人的配方极其复杂，好比《易经》，简单的一阴一阳，重叠六次的话就可以变出六十四卦，每一卦有六爻，就可以变出三百八十四种解释世界的模式。同样，人也有不同的德行、不同的品格、不同的性格、不同的相貌、不同的性别、不同的年龄、不同的阅历、不同的职业……永远不会有两个重复的个体。每个人都是一本大书，不管精彩与否，只要你有机会去读，懂得去读，那么你就能从中懂得应该如何去活和不应该如何去活。

如果能把这三个加起来，从你咿呀学语的时候开始，一直到老，终身都保持着充电和学习，就像某些智者临死时还在“充电”，还在究天人之际、万物之理，“活到老，学到老”，那么这样终身学习、终身充电，将会使你成为所有人中终身“能源充足”，“节目”不断更新、精彩不断的那一个。那么你的人生就应该是非常快乐和幸福的。

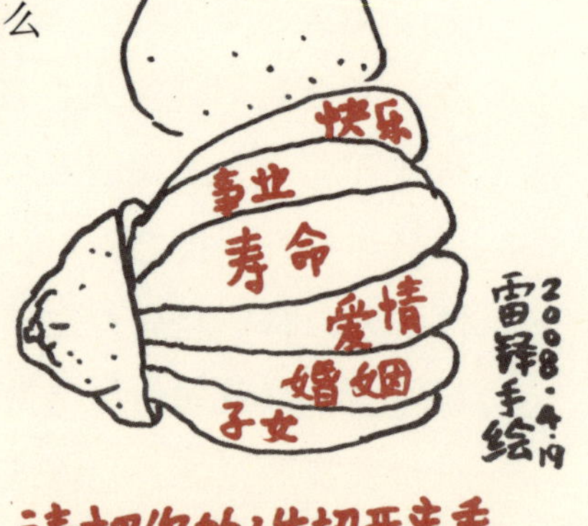

三、职业选择术

我们来说说如何找一个有趣的职业。

人往往是对所学的知识有爱好才

能学好，即所谓兴趣是最好的老师。其实对职业来说，也是一样，常言道："敬业容易乐业难"，很多人做事更多的是出于一种责任心，其实是带有隐性的强迫意味在里面的。按照弗洛伊德的说法，人有本我、自我、超我三种状态，"爱好"的那一部分是本我，是人内心最深处的那个"我"在起作用的；而超我是站在第三者的角度来制约本我的，如果一份做得不快乐的职业，是靠超我在约束，靠一种理念——我领这份工资，就应该做这份事情，服从这位领导——那么这份职业自然也就做得不会快乐。所以，特别建议家长们在做子女的未来规划选择时，绝不要首先关注名校、名专业，而应该选择子女最喜欢和最可能发挥专长的那个专业。最重要的并不在于在哪个庙里学经，而在于学的是什么经——对孩子来说，这个"经"应该是学起来最有趣，并且日后用起来也最有趣的。

总之，人就像牛，迫不得已要去犁田，要去干活。如果能够一边犁田，一边还有青草吃，还有风光看，这总有趣得多。所以，对人生永远要抱持一种很宽容、很博大的态度，而不要被一些简单的、既有的观念所束缚。

人生想要得到更多乐趣，一些不同的视角是非常重要的。像徐霞客这样，在"玩"的过程中走遍名山大川，看遍无数绝美风光，最后也能成为一位大师。还有很多以游乐、有趣的心态去从事一些研究、试验的职业的人，像画家、行为艺术家等等。所以，其实人的一生，不一定要依着某种固化职业的道路走到黑，而不妨在适当的时候，跳跳槽，换换环境。虽然在这过程中你可能会遇上一个空当，有一段待业的时间，不过这也不要紧，骑着驴找马就是。让你的生命更丰富多彩，这才是真正可取的。

四、当好一名员工

当人类社会走入工业化和信息化时代之后，多数的人已经不再像农业社会那样，只靠一亩三分地就能自给自足。这个社会是被政治家、社会学者有意无意设计成的一部巨大的机器，每一个人都是这部巨大的机器中某条或大或小的流水生产线当中的一个环节，或者说一个装配工。当社会高度组织化了之后，能够游离于无数连绵不断的社会生产流水线之外的人，是少之又少的。以中国为例，当今，几乎80％的城市人或城市化了的中国人，都在为别人打工，真正自己当老板、自己说了算的人，也许不到20％。所以，当员工、当部下的苦恼，是一种社会性的苦恼。或者说，是现在大多数城市人的苦恼。

选择职业的难题

每一个大学毕业的青年，走上社会后第一件事，就是学会如何去为别人打工，如何当好部下和员工，这是一个“断奶”的过程，也是每个人从走进社会的那一刻开始，终其一生都必须面对的一个课题。我们说人生不如意事常八九，其中之一就是命运必须被别人支配。那么，如何在这种不能不被支配的情况下还依旧保持一种更健康、更轻松、更豁达的心态？只有解决这个问题，你才能获得一种心灵的自由，你对美好人生的追求才能实现。

我们每个人都应该认清这样一个前提，即在这个社会，只有极少数的人，少数在金字塔顶的人，才能拥有掌握自己命运的自由（但说透了，他们也并不自由，也受到许许多多的制约）。除了所谓的自由职业者（其实他们也并不自由，他们也受到了许多无法回避的制约），多数人，为了更好的明天，都必须从最初的起点开始，也就是从当部下、当员工，为比你职务更高的人、财富更多的人打工这样的一条道路开始。现在许多人都羡慕企业的董事长、总经理、CEO，但除了极少数衔着金匙而生的人之外，他们哪个不是从部下、员工开始他们的升迁之路的呢？

在军队中流传最广的一句名言就是，“不想当将军的士兵，不是好士兵”，但是，反过来说，未必每一个想当将军的士兵都是好士兵，因为你可以有想当将军的志愿，但是，当你不具备当将军的能力时，这种志愿就成了志大才疏，成了大而无当的纸上谈兵。而当这种志愿在现实中碰壁之后，你往往就会怨天尤人。但是，“牢骚太多防肠断”，如果为别人打工是迈入人生之路后不得不走的一段台阶的话，你就必须从第一级台阶开始，然后才能迈到第二级台阶、第九十九甚至一百级台阶。当然，这其中有一部分人可能会一步两级台阶三级台阶，大步流星向前走，也许，有一部分人就永远停留在最初的几级台阶上了。

可是，要知道，并非只有当上了CEO、大企业家、大企业董事长，才能拥有幸福的人生。其实，当CEO也不一定很幸福，他们一样面临很多压力，如工作压力、家庭压力，并且往往处于亚健康状态。所以，结果是，很可能一个当了一辈子看门人的人，他的幸福总量，会大于某个总统或国家领导人的幸福量。这是因为幸福是一种感知。如果当你做别人的部下、员工的时候，你已拥有幸福的感知能力，那么，当你迈上更高的台阶，当了经理、企业总经理、集团公司总经理，乃至最后门户独立，自己当董事长的时候，你才能更好地体会到人生的快乐。

综上所述，我们可以说，对于当代多数人的命运来说，当别人的部下、为别人打工，是人生的必由之路。其中的高低或差别，仅仅在于你的心态。换句话说，在你当别人的部下或为别人打工时，你是否写下了成功的、快乐的履历，这才是最重要的。

就像一个哲人所说的，每个人来到世界时，都是一块刚刚从大石头里面分裂出来的小的四方体，当它被放进一条河流的时候，被波浪裹挟着走。最初，它总是磕磕碰碰的，因为它的棱角太多。当它的棱角被磨砺得差不多后，它在这个河床当中，就可以自由地滚动了。有人用这种说法来比喻我们的人生，认为人必然要在生存的过程中被磨掉一些棱角。这是一种理解。但是，换另外一种理解，那就是，这个世界原本需要的就是一种圆形的物体。而那些初出茅庐的人往往是带着棱角或刺、带着许多不合时宜的想法的。只有当你真正迈上人生之路，走入社会，被当作一个螺丝钉被安在一个国家机器或社会机器这部硕大无比的钢铁构架之上的时候，你才能体会到，那许多年少气盛的、心高气傲的

经济压力
成本
售价
利润
上市
家庭压力
老婆
孩子
父母
岳父母
社会压力
声誉
赞助
地位
健康压力
脂肪肝
亚健康
睡眠不足
企业家
生活在重重压力下的企业家
经济压力：收入太低
发展压力：合同工一大堆博士
情爱压力：没个好MAN
说不完的种种压力：买不起房；失恋；上司不好；家庭要照顾
压力
压力重重的白领们

怀才不遇的想法，常常是你对自身能力的放大和缺点的缩小。

我们都应该用一个旁观者的心态扪心自问：我想做什么？我能做什么？我应该做什么？然后，从第一级台阶做起，一步一步地往前迈进。也许有一天，当你不再想当CEO的时候，当你不再志大才疏的时候，你反而能得到一种对自己的支配权，能够为自己而活着。因为，当顿悟之后，你就能够在不自由中寻找到自由——这也就是中国古诗里头所说的“云动天不动，水流岸不流”的那种境界。有了这样一种心态之后，你就会明白成功就是这样一个过程：首先，天将降大任于斯人，必须劳其筋骨，苦其心志，然后，青苹果成熟了，于是，糖分自然产生了，你的生命就不再青涩，而是拥有了一份甜蜜、幸福的感受。

五、灰色状态开发术

灰色状态是一种什么样的状态呢？我觉得是一种比清醒更好的状态，是偷懒。

我现在也常用一种偷懒的方法——当然不一定每个人都适用，权作经验之谈——比如说，我并不专门去运动，因为我发觉现在很多人的运动方式比较多余，纯粹是为了运动而去运动。很多时候，人们会为了得到一种好的运动、得到一张更漂亮的脸蛋，就拼命去赚钱，结果，钱赚到了，人也已经面黄肌瘦，身体也已再无法补回来了。

我觉得最好的办法其实首先是养。就我而言，因为以前透支了太多健康，所以现在不停地交“罚款”——经常睡懒觉。我习惯晚上工作，主要是因为白天在都市里无法安静下来，只有在晚

"灰色状态"：无为中的智慧态

上工作比较好。但到了该睡觉的时候，我就会寻求绝对的睡眠：把所有的通讯工具都关闭，尽量做到自然醒。而且，醒来后，我也不会马上就起床，而是在床上踢腿伸腰，做自己的床上体操。听着音乐、踢着腿的时候，我并不是完全清醒，而是迷迷糊糊的，这种状态大概会持续一个小时左右。这个时候，大脑会处于一种扩散式思维的状态当中，因此获得的灵感会比清醒时的单向思维多得多。我有很多构思、想法就是在这个过程当中完成的。

按照我自己的经验和感觉，生命当中除了睡眠和清醒之外，应该还有一个灰色状态。假如这一状态利用得当的话，那么人生真正有用的时间基本上就达到60%了，更何况这种灰色状态往往是出灵感的时候。心理学家已经做了大量的研究分析，指出人类的灵感经常不是在清醒的状态下产生的。因此，减少不必要的阅读、减少不必要的交际，再加强对灰色状态的利用，这可能是走出生命误区的较好办法。

第十二章 小贴士：正确使用生命的速成法

一、购物“八字诀”

当一件物品很难判断是否该购买的时候，我有个口号叫“怦然心动，不买后悔”。假如能让你怦然心动、眼前一亮，而且过了这个村，极可能就没有这个店的话，那就可以下决心了。我去书店买书，经常遇到这种情况：很可能这本书一文不值，但是当中有三五页对我有用的，我就会把它买下来；播放时长达七个小时的压缩影碟，如果其中有十分钟对我是很有吸引力的，我也会照样把它买下来。

二、时间有效利用

1. 入门八件事

生活当中要善用统筹术。比如我们进门到家，有很多事情要做：上网去收电子邮件，这很着急；你想看今天的新闻；想要吃

正确地使用生命，是有一些诀窍可以参考的。日常生活中，无论是购物、处理家务、读书、考试、办理公务，都有一些诀窍可以帮助你抓住重点，节约时间。这样一来，你就在无形中延长了自己的生命，或者说提高了生命的质量。

饭、喝茶。此外，你甚至可能还憋着尿。所以，不妨这样统筹这些事情：进门后，首先把门关上，然后跑去开一下电脑、开饮水机、把牛奶放入微波炉里面，接着进洗手间，出来后去点一下电脑进入系统收邮件，回头端着热好的牛奶边喝边看邮件内容，然后，再坐下来，自在地品茶看电视——这样，在一个很短的时间内，也许只是几分钟，你已经同时高效地交叉完成了几件事。

2. 洗澡五功能

比如说洗澡，洗澡也是很有学问的，尤其是冬天，很累的时候洗热水澡，其实就是热疗。我使用的那个浴缸是可以坐又可以站的，我坐着洗澡，站着刮胡子。早上醒来，我会一边用热水冲着我的肩膀或者后背，一边刮胡子，一边刷牙。我的花洒是改装过的，能把花洒升到三米高的地方。这样的话，从高处冲下来的水就能起到按摩作用，在家里头就可以“水疗”了。洗完之后要做的那些步骤也很重要，比如用毛巾擦拭身体这个过程，本身就是一个按摩过程，再比如擦完以后用电吹风吹吹头、吹吹关节等，这也都是很好的保健。

三、读书快速法

如前所述，读书方法如下：

第一，读最好的书：经典书，反复读的；你急需的书，临时读；你最感兴趣的书，经常读。

第二，快读技巧：先全书概貌，再看目录，接着看前言、后记，然后跳到中间阅读几章，才决定要不要细读。

第三，跳着读去，也就是重点读结合略读。

第四，读的时候或者是在书上做一些记号、提示、提要、批示；或者记些小笔记。

第五，利用"记忆曲线规律"有效地读。好的书不要只读一遍，不要读过一次就放下不理了。在床头或者书架放着那几本近期要读的书，多次地读。

第六，两种不同的方法：集中读一个专题，或者几种内容毫不相干的书穿插着读。

用这样一些方法，读书事半功倍。

四、考试小窍门

现在我们来讲两种时间使用技巧，也就是生命使用技巧，一种是针对成年人的，一种是针对小孩和学生的。

首先是针对学生的。关于如何复习和考试，有不少技巧需要注意。

首先，复习要提纲挈领。所谓复习，有人认为是隔一段时间把书本从头到尾读一遍，这就叫复习；考试呢，就是一张试卷拿

A：理想的人生

B.颠倒的人生

C.填充题：
你的人生的百分比？

下来后从头到尾回答一遍就算完事了。

其实，复习和考试远没有这么简单的。比如说复习，有几种技巧，首先是抓重点，应该复习什么，不应该复习什么。要注意自己所复习的这个学科的重点是什么，复习的时候才能提纲挈领，把全局带动起来。什么是纲呢？就是打鱼的时候的那张网，哪怕网撒下去的时候张得多开，“纲”（即绳子）是一直提在手上的。也就是说，要学会抓要点，更要学会对要点的判断。

其次，复习要强化弱项。如果说“要点”是知识结构的主要框架、重点，好比一棵树的树干的话，那“弱点”就是你的不足部分，属于记得并不牢、但是也可能会在考试中涉及的那些内容，所以，复习时也必须要注意到。在这一点上，放开来看，不光是小孩，成年人也是这样的。我们必须一直要坚持两种习惯，一是我们要学对人生最重要的知识，二是要补一些你欠缺的，你所不会的。以我个人为例，英语是我非常欠缺的能力，有时候在一些需要用到外语的场合，哪怕口语能很勉强地对付，比如说问问路啊，但是，词汇量终究还是非常少的。所以，虽然到了应该“知天命”的年龄，有空的时候，我还是会偶尔学一学英语的，这就是对“弱项”的加强。其实读书就好比用砖砌墙一样，如果你平时读书很认真，没有什么太严重的学习空白，那就好比这堵墙砌得没有特别歪或少砌，总的来说还是比较结实的，知识还是比较严密的，那考试起来就应该没什么大问题。

再次，考试之前要放松。考试是有技巧的，这个技巧分心理因素和实操因素两个部分。首先是心理因素。很多学生能考得非常好，首先就是因为自己有信心，觉得平时确实学得非常好。当连续多次在考试中位列三甲甚至是状元的时候，很容易在当事人的心里产生一种心理暗示，并促使人产生“成功”的欲望。这种欲望，只要能加以正确的心理引导，就会是很正面的东西。当一个人处于这样的积极心理，或者说处于一种放松心理的时候，他就会像一个优秀运动员那样进入出成绩的轨道。以刘翔为例，在110米栏的赛场上，只要枪声一响，他就会像一匹骏马那样立刻进入状态，比其他的“马”跑得更快，更自在。其次是精神状态。考前一定要心理放松、充分休息。现在的学生有一个通病，就是负担过重，考前一般总要复习到深更半夜，而且还睡不好，这样一来，第二天考试时的精神状态还能好得了吗？糊里糊涂懵懵懂懂，反而很难考好。所以，对一个考生来说，精神状态和心理状态都很重要，它直接影响了考试的结果。精神状态是前提，心理状态则是一个培养的过程——越不把考试当回事，反而越容易考好，相反，越紧张就越想不起东西来，甚至一些平时记得滚瓜烂熟的定理、定义、定律，都偏偏会想不起来。

接着，做题要讲究顺序。考试的时候很多人会犯一些很初级的错误，比如因为心里紧张，所以一上考场就急急忙忙做题，结果连自己的考号跟姓名都忘了填。要记住，考试过程中一定要镇定、从容作答。首先是填写考试信息，接下来是对整张考卷的审卷过程——阅读试卷是很重要的一环，它可以帮助你完成对考试的先后缓急的安排，告诉你应该从哪里开始着手答题、先做哪些等。一般来说，考题分几类，第一类是分值很高、且对于你来说是很轻松、很十拿九稳的，那就应当列入须最先完成的考题中；第二类是分值不高，但却是举手之劳可完成的题目，例如判断题之类，可以把它们留到后面去想，而不必把时间耽搁在这个地方；第三类是有一定难度、但分值高的题目。这是你重点要面对的，要把它作为占据主要考试时间的对象来完成，假如这一部分丢了，你会丢掉比较多的分数，所以绝不能放弃，哪怕不能获得全部的分数，也要想办法尽量得到其中的大部分分数；最麻烦的是那些分值并不高，但是对你来讲既费时间思考又没有太大把握的题目，这部分的内容一定要留到最后去做，因为就算这部分的分数全丢了，对你来讲也无伤大雅。就这样，除了两头（前一头是最有把握的，必须先做；后一头是最没有把握的，要留到最后再做）和一个次重点（虽然有难度、但是分数可观的考题，这也是应该去争取的），最后剩下的就是一个灰色地带。一张卷子，在还没有下笔之前就已经总体把握住了先后缓急，按着这个次序来做，基本上这场考试再差也不会差到哪里

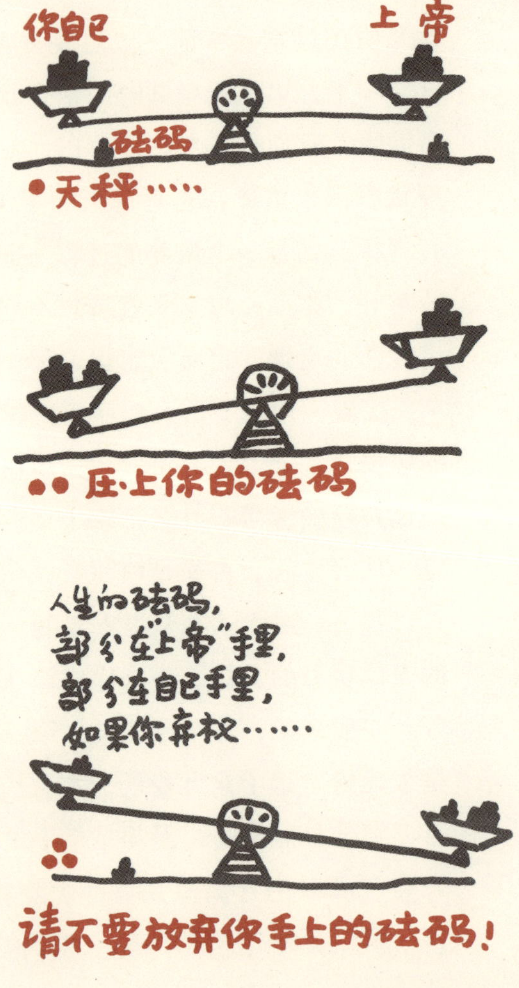
你自己
上帝
砝码
●天秤……
●● 压上你的砝码
人生的砝码，
部分在"上帝"手里，
部分在自己手里，
如果你弃权……
●●● 请不要放弃你手上的砝码！

去。

还有，考试要把握好时间。小孩一般会有这样的问题——抢时间，慌慌张张——虽然快，却未必有成效，倒不如一次把事情做对。虽然这样看起来并不是最快的，但如果一次能做对，就不需重复做第二次了，这才是真正的快。这种从容的快速，或者说快速的从容，才是最佳状态。打个比方，假如考试有一个小时，那一定要留出10分钟来。小孩子总以为越早交卷越能在同学面前表现出自己有多能干，多潇洒，多聪明，其实没有必要。试想想，就算你全部做完，匆匆交卷，你也未必能得满分，因为其中有些是你做不出来的或者做错的。所以，当考试只剩10分钟的时候，与其把时间都花在一两道分数不高的题目上反复思考，还不如把它们暂时放下，主要做复查工作，即对前面做过的题目进行检查，看有没有差错。如果没有差错，再把剩下的时间用来想一想刚才没有做出来的题目，这才是较为明智的做法。

不光小孩，现在很多成年人也要面临各种考试，不少人一上考场也容易慌张，所以这些就是必备的技巧。

五、办事≠办公

现在我们一般会把处理事情叫做办公。有一个有趣的故事。一位曾接近邓小平的晚辈说“邓伯伯说他从来不办公”，也就是说，一代伟人邓小平对“办公”有他自己的一番理解，并不是一定坐在办公室才叫作办公。这显然跟我们通常的认识不同——大众更多地认为只有乖乖地坐在办公室里处理公务，才算是敬业、才算是做事情。如果你恰好处在这样的单位里，那没有办法，你必须去按时打卡上下班，好表示你在“办公”。

我们如果把办公室视作一条流水线的话，那每一个人都是这条流水线上的一个小环节的程序安装员。但是，从个人的角度来讲，我认为只要你能够主宰自己，那么你“办事”时，最好尽量不采取“办公”的方式，因为传统的办公是一种拘谨的、让人不舒服、不快乐的办事方式。

旧的国有大公司典型的办事方式，是每天一小会，一周一大会，把大量的时间浪费在会议上面。社会已经意识到文山会海是一个积弊，但要想根除，谈何容易！分析这个问题，如果从官方机构的角度来看，因为有历史的原因，这是无可厚非的，结束它的确需要一个过程，但是作为一般的企业和公司如果也染上这一毛病，则未免有点可笑、有点愚蠢。再降而言之，如果作为一个能够掌握自己的时间跟命运的个人，那就可能是对生命的一种巨大浪费了。试想，如果一天浪费一个小时，一年就是365个小时。假设一个人一辈子的有效办公时间是25年的话，那就有成千上万个小时要被白白浪费了。

在通讯如此发达的今天，如果两个人在电话上可以商定的一件事，有什么必要非得碰面？如果通过E-mail、通过传真就能够达成一种有效沟通，为什么要使用传统的写信或其他复杂方式？

只要有灵活办事、机动办事、快速办事、最有效办事等等这样的概念，你就可以有无数的方式可以来做好你的事情。比如说，需要开会的时候开会，需要当面会晤的时候就会晤，其他的时候就尽量使用固定电话、移动电话、电子邮件、即时通讯工具等等的方式，这是一种无所不在的办公。掌握这种办公方法，能帮助你节约时间，让你的生命过得更加有效率。

我见过一些比较有智慧的人，他们都是只开少量必要的会，大量的时间是在行进当中用各种不同的方式来办公。以霍英东为例，他开会就极其简单。开发南沙的时候，他每星期要召开一次办公会。每次办公会，效率最高、最忙的可能就是他本人：一个上午，他可以解决十个议题。他的方法其实很简单，就是把事情分成三类，第一类要肯定的事情，一经确认可行，立刻PASS；第二类是要否定的事情，如果事情不可行也立刻PASS，那么这件事就算过去了；第三类是需要搁置再议的事情，这类事情介于是与否之间，还有若干细节需要完善，那就下一次再提交讨论。结果，一个上午下来，就解决了大量的问题，至于其他剩余的一些事情，他完全可以边打高尔夫球边接电话来解决。再举一个我个人的例子。有很多的写作任务，如果完全靠自己执笔完成的话，有时候是非常慢的。所以我常常会利用一些爬山的机会，或是在人很少的路上，一边走一边想，一边用录音机录下我的思路。这样回来一整理，一篇备忘录或者一篇文章也就出来了。

所以说，打破一种寻常既有的方式，去利用更多样、更轻松、更有趣、更有效的方式来做事情，这才是一种最高效率的办公。

人生看起来很长，但是我们经常浪费了生命，做一些无效的事情或是低效率的事情。如果我们学会有效地利用时间，有效阅读，有效办事，那么我们完全可以在相同的生命单位，比如说一个小时、一天、一年里，做出比别人更多的事情；或者说，我们在这个单位时间里做跟别人一样的事情，但是我们获得了更多自我支配的时间，去休闲，去做更有趣的事情。这样的话，你的生命也就会更加色彩缤纷，而不至于那么单调，那么无趣了。

结语
生命的祝福

一、我的打油诗

如果总体地说，我认为人生可以很简单，我自己总结了一句话——五好人生，还有一首打油诗来概括：

睡好觉来配好姻

打好工来养好心

看好风景天地宽

快乐人生值千金

以下是“五好人生”的分说。

1. 睡好觉

睡好觉是什么意思呢？90%以上的现代人或者睡不够觉，或者睡眠质量很不好。医学专家统计，中国现代都市人、城市人睡眠不足和严重睡眠不足的占80%以上。睡眠不足会引起自身抵抗力下降，从而产生疾病。其实人到生病才来治疗，就已经晚了。

说到这个问题，我要先说一说西医与中医的差异。西医是医

人生有“四乐”：“洞房花烛夜、金榜题名时、举杯邀明月、对镜梳银丝”。这是我把它们凑起来的。“洞房花烛夜”指的是好的婚姻，“金榜题名时”指的是考上公务员，“举杯邀明月”是指好的心态，“对镜梳银丝”是活得很长寿。

学，中医其实不是医学，医学只是它的附属功能，中医主要是用来养生的。因此，按照中医的理论，大医治未病。换句话说，中医是防患于未然。真正的好中医不是等到你这棵树上长出虫子了，才来帮你抓虫子，而是应该防止你身上长虫子，在虫卵一出现时就帮你消灭它。如果等到你的树叶都被虫子吃掉了才来给你治，那是西医的做法，而且治完以后其实还是会留下疤痕的，虽然疤痕本身也是一种恢复（这就像树，你用刀在树皮上割一刀，它自己会把它包起来，不过那里就留下一个肿块了）。

对人生来讲，睡觉是养生当中非常重要的一条。所以，我觉得五好人生的第一条，应该是睡觉。

2. 配好姻

婚配是一件非常难解释的事情：你为什么会遇到今天这个太太（或者先生）？完全是一种偶然。

我们所出生的家庭是无法选择的（包括伴随而来的生存环境、教育环境等等）；我们的专业或者说所谓的事业，是半可选择的（读大学选专业的时候，经常是父母跟子女的意愿各占

睡眠1/3
其他1/3
去皮去
核，只
能吃1/3

50%）；但婚配却基本上是我们可以选择的。虽然父母也会干预，但它掌握在个人手里的概率至少也还是有80%的。

黄永玉画过一幅我认为是最好的画，画的是一双鞋子前面破了，露出10个脚趾。黄永玉在旁边加了两句话说，婚姻就像鞋子，合不合脚只有你自己知道，等到10个脚趾全露出来，婚姻大概也就应该宣告结束了。

我们很多的家庭，它的美满是演示给别人看的。基于“家丑不外扬”的传统观念和“面子”问题，很多夫妻表面看起来很好、很亲密、很美满，让别人羡煞，但如果真有精灵的话，只要飞到任何一个家庭去看，必定会发现，几乎每一个家庭都会有吵架，有生闷气，甚至是更糟糕的貌合神离。所以，婚姻的不美满其实是人生的一大遗憾。

婚配之所以重要，还在于你所寻找的配偶会决定你能生育出什么样的子女。有一个笑话，据说大仲马某次发表演讲，现场有一位漂亮非常但显然不够聪明的女人自信满满地对他说，大仲马先生，以你的才华跟我的美貌，我们两个人结合之后，生下来的小孩一定会是天下第一。大仲马就说，假如反过来，以我的相貌和你的才华，生下来的小孩会是怎么样的？所以，我觉得配好姻也极其重要。

3. 打好工

“打好工来养好心”，为什么要把“打好工”放在这么重要的位置呢？这是因为我们为了生存必须工作。但对大多数人来讲，人生其实基本上是呈二元化状态的。也就是说，我们的生存，跟我们自己的爱好本身是有差异的。如果把生存和爱好分别用一个圆来表示，如果是好的状态，生存和爱好两者应该是合一的，是同一个圆圈。但是很不幸，现实是，并不是我们想干什么就能干什么。比方说，我想旅游，但是我不能当徐霞客，因为现在当徐霞客很贵，所有的交通工具都很贵，旅店都很贵，等等。所以，可能要存很多钱才能做满足当徐霞客的愿望。因此，生存首先需要的是财富的积累。如果财富积累到一定的时候，就可以自由自在地生存，那这个人生也还算是美满的，也就是说，所付出的成本还不算太大。

那么，最大的问题在哪里呢？在于可能我们一辈子一直都在为更好的生活而打工，可是等到你生命结束的时候，你仍还在打工，而且每天都在做着你并不热爱的、甚至是违心的事情。比如说，为了当官、当更大的官你的人生在不停地爬台阶。你以为无限风光在险峰，但是当你到了险峰的时候，第一，发现风光没有你预料的那么好；第二，走到那个时候，你已经筋疲力尽，在险峰待不了多久，你就气数已尽了。所以，“打好工”的准确解释就是，一定要选到一个你自己所爱好的职业。

给一些子女将要考大学的朋友提一个建议，小孩在填志愿的时候，千万要尊重他个人的意思，尤其是引导他去发现他这一辈子最想做的是什么事情。我们现在的教育上有一个巨大的误区，就是望子成龙、望女成凤。从三岁开始就送他进学前班、幼儿园，或者请一个家教，从能说话起就开始背诵诗歌，学跳舞。进了幼儿园以后，每个周末他/她就被送去学画画、弹琴，再长大一点就送她/他去学跳舞、去学少林拳等等。虽然这种多样的培养是需要的，但是这里头暗藏了一个巨大的危机，就是会把一个本来非常健康、能够正常发展的小孩，培养成一个偏才了。比较典型的偏才就是陈景润。陈景润的事业无疑是成功的，但他的生活却是失败的。举一个最简单的例子，这位天才数学家可以为了取回三毛钱而花上四毛五的来回车票。

我们的小孩的根气（也就是我们常说的“天分”）本身有所不同的，有些人适合当一棵大树，有些人适合当一棵藤，我们必须学会在他们还很小的时候就去发现这种根气的不同。根气本来是一种佛教的说法，说的是你的前姻、前缘，用我们现在的说法，其实就是看你的父母给你的DNA，有可能让你达到什么样的格局：如果你本身是一颗乔木的种子，你会长得很高大；如果你是一颗灌木的种子，你再培养，它也只能长那么大；如果你是一棵藤，那只能是软爬着，不会直立，如果是苔藓，就只能利用地面或石头面来生活。所以，根气本身是非常重要的，但很多人忽略了这样一个东西。中药上有“君臣佐使”的说法，每味药的功用都是有所不同的，但每一味药又都是不可或缺的。哪怕是“使”，也

“幸福舍利子”与痛苦结石”

担负着调和、协助诸方面的作用，能说不重要吗？所以，在职业选择上，如果不慎而选错，那就很可能会把一个原本也许能成为一个一流作家的小孩，变成一个九流的音乐家。这就是一种人生的错位，这就是为未来打工、打好工埋下了一个祸根，令他日后极可能不得不过着一种与自己的意志相违背的生活。

要打好工，还要讲点技巧。我们常常提到“勤劳勇敢”，但对“勤劳”，我们也许要打一个问号——人为什么要那么“勤劳”呢？或者，更准确地说，怎么样的“勤劳”才有价值呢？比如说，一个家庭主妇在家里头忙不完，但是家里头还是一团糟，那有什么好处？这叫劳而无功。其实很多时候，“勤劳”是不得已的事情，人本身就是一头野牛，到这个世界上来是为了享受快乐和幸福的，应该到处乱跑，到处去吃青草，但是我们每天忙于打工，勤劳了一辈子。民间有一种说法，讲的是人的命运，认为牛力不如猫腻，牛劳苦了一辈子，它每天只能吃草，但是猫什么都不干，天天撒娇，你还得给它吃鱼。清洁工把公司里的树叶擦了一百遍，仍然无法使老总满意。对老总来说，他的主观意愿绝不在于希望清洁工擦很多遍，反而是最好一遍就把它擦干净了。所以，现在很多人劳劳碌碌，这其实是错误的：如果这个事情能够一遍做好，你为什么还要两遍、三遍地去做？所以，我觉得作为领导干部，或者企业家，可能对下属的要求并不是在于他有多勤，而是要看他最终能做出一个什么样的结果——这才是最重要的。所以说，关于打好工，其实有很深的学问在里面。

4. 养好心

我们常说的养生，是为了保养电脑的机件不要坏，但是其实养心也是非常重要的。人的灵魂、人的心比电脑的软件要复杂得多。

科技的昌明使人类现在可以克隆出很多东西，包括人的内脏。但是，当你想把这些克隆物组装成一个真正的肉身时，最后的那一道装软件的程序，是无论如何也完不成的。也就是说，你可以克隆我的肉身，但你不能给他安上一个灵魂。

“养好心”属于精神的那一部分，它会影响、决定你的生命质量的高低。

5. 看好风景

看好风景值千金，这个“风景”指什么呢？有两个含义。首先，不妨设想一下，如果此时此际你已经活到了80岁，然后，上帝告诉你、医生告诉你，你还有半年的时间可以活，那你会最想干什么？也许你会选择出去旅游，去一个自己一辈子都很想去但是又没有去的地方旅行。从这个角度说，“风景”就是字面的那

死前不要错过看风景的良机

导游带着一群旅游者从悬崖峭壁的一条小道上走过时，对游客们说：“请大家多加小心，这里是危险地带。如果谁不慎从悬崖上掉下去时，不妨顺便看看左边，那一派奇异的景色在这里是看不到的。”

笔者按：还有相似的一则禅宗公案，比这个笑话更加高妙一些：

有一个人被猛虎追赶，匆忙攀藤而上悬崖，藤上有一只老鼠在啃藤条，眼看藤条要被小老鼠啃断，将坠虎口。

此时崖边正好有一颗鲜艳欲滴的草莓，那人遂摘取品尝，味道真是好极了……

层意思——景观。

我想更主要的是第二层含义——人生事态百景。人生有很多东西是我们并没有看见过、经历过的，需要用心去观察、体会、感悟。举一个例子，1979年中国对越南自卫反击的时候，我们部队要上前线了，其中包括一批女兵。部队开拔前，那些年轻女兵们想到的是什么事情呢？去烫一次头发。她们觉得上了前线后很可能再也回不来了，必须尽可能让自己没有任何遗憾，而一辈子没有烫过头发对一个女人来说是一种遗憾，她要体会一下烫头发的过程和烫完以后对她的面容有什么改变。那么，对女兵来说，烫头发就是人生的一种“风景”了。

二、人生四偈——生命的祝福

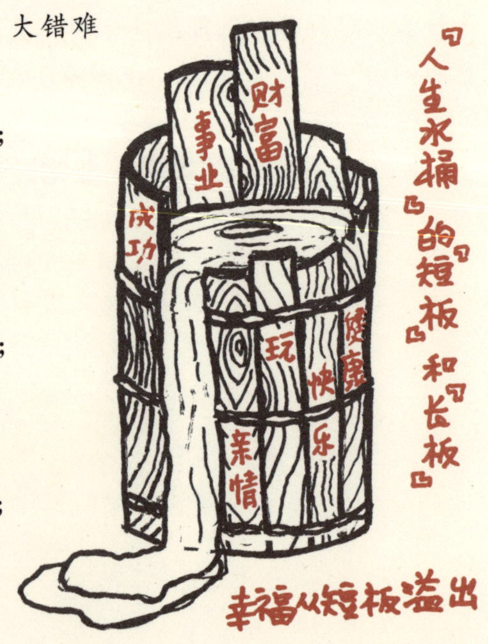

人生百年，蜡烛慢燃；大错难收，小错罚款；

桶底脱落，天宽地阔；临终假设，分清本末；

做对的事，高悬艳阳；把事做对，一生吉祥；

大定大慧，不忧不怖；圆通无碍，能转万物。

人生百年，蜡烛慢燃；大错难收，小错罚款。

人生就像蜡烛一样，

要慢慢燃烧，如果犯大错的话就覆水难收，犯小错的话会被罚款，会提前“离境”，所以要少犯错误。

桶底脱落，天宽地阔；临终假设，分清本末。

每个人都有很多负担，就像挑了一担水，不小心磕到一块石头，水桶的底部脱落了，另外一桶水也洒了，这时反而会觉得浑身轻松。其实人生很多时候是挑着一担无用的烦恼；当我们用临终反向思维就会发现，其实我们要做的事情非常少，只是几件最重要的事情而已。

做对的事，高悬艳阳；把事做对，一生吉祥。

首先是做对的事情。要判断这件事情值不值得去做，如果不值得做，哪怕做足一百二十分也等于零，甚至是南辕北辙——做得越对，离自己的目标越远。

大定大慧，不忧不怖；圆通无碍，能转万物。

定是悟透生死。定之后生慧。这样，哪怕在出车祸前百分之一秒的时候，还是能非常镇定地做判断。不忧是不发愁，不怖是不害怕。参透生死容易，但是要参透烦恼很难；一条直线是不通的，两端接起来就通了，就没有障碍了；一般的人生是被一只看不见的手所支配，我们不能完全知道上帝的密码，但是哪怕我们能参透其中一点，那么我们也就能占领更多的砝码，让天平向有利的方向倾斜，就能不被外物所转，这样生命的长度和效率就提高了。

概说		自序	
正文	运作原理	生命之构造及其使用	1~7节
		生命之偶然定律	1~3
		生命之无奈定律	1~3
	故障维修	常见故障（错误使用）	1~2
		故障分析（为何出错）	1~4
		维修原理（"电路"研究）	1~2
		维修方法（修复要领）	1~2
	产品优化	优化原理（反定律导航）	1~3
		硬件之优化（善待肉身）	1~4
		软件之优化（善待心灵）	1~4
		操作方式之优化（一些要领）	1~5
		一些实用小技巧·生命祝福	1~5
▶附录		"生命成败指数"系列"对数表"	

本章在全书的位置

附录

保修千下：生命指数图表

常用的思路工具图

太极图、五宫格、九宫格、坐标图、鱼骨图。你可以参照并选择合适的图例，绘出自己的生命有效指数图表。

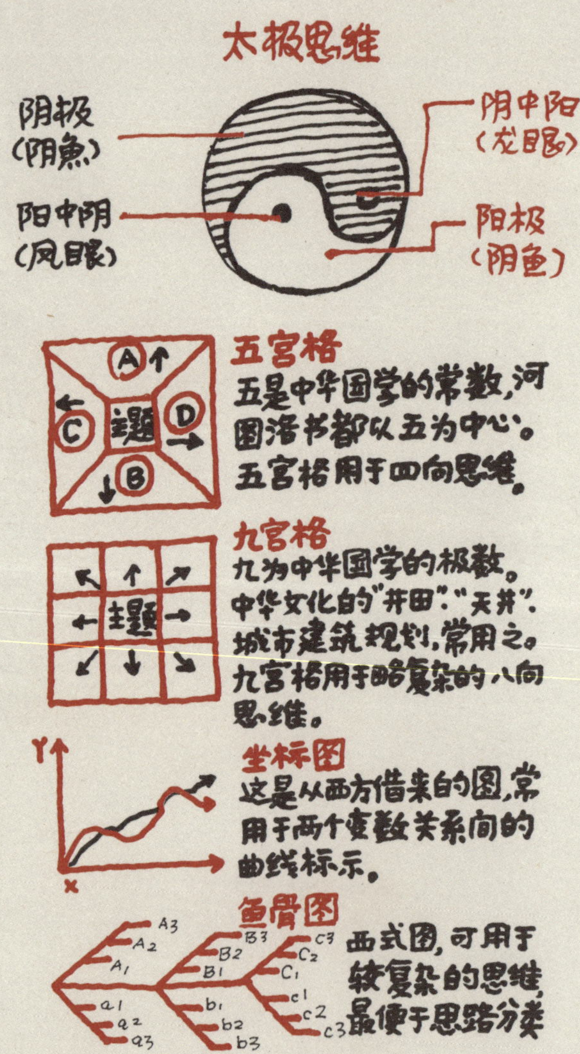

太极思维
阴极
(阴魚)
阴中阳
(龙眼)
阳中阴
(凤眼)
阳极
(阴鱼)
五宫格
A
B
C
D
主题
五是中华国学的常数，河图洛书都以五为中心。
五宫格用于四向思维。
九宫格
主题
九为中华国学的极数。
中华文化的"井田"、"天井"、城市建筑规划，常用之。
九宫格用于略复杂的八向思维。
坐标图
Y
X
这是从西方借来的图，常用于两个变数关系间的曲线标示。
鱼骨图
A3
A2
A1
a1
a2
a3
B3
B2
B1
b1
b2
b3
C3
C2
C1
c1
c2
c3
西式图，可用于较复杂的思维，最便于思路分类

雷氏生命指数图表

太极即"一阴一阳之谓道"，蕴含世界万物对立、对应统一的大道理，例如：日夜、天地、上下、是非、男女、日月、主客等等……

阴阳平衡是最重要的。人生亦如此

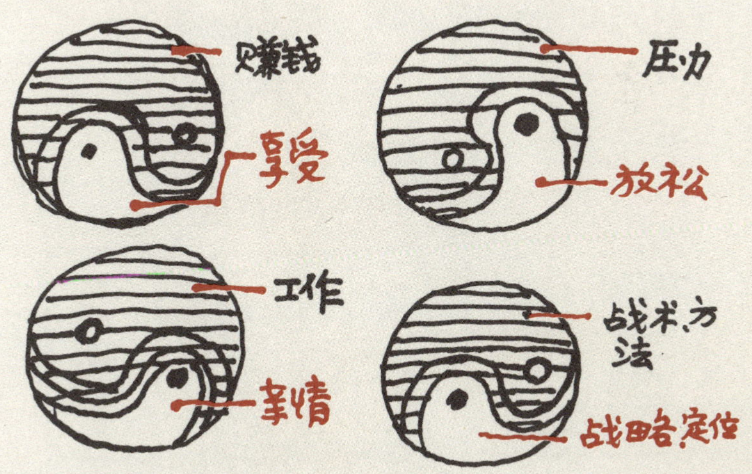

思考1：你的人生平衡吗？

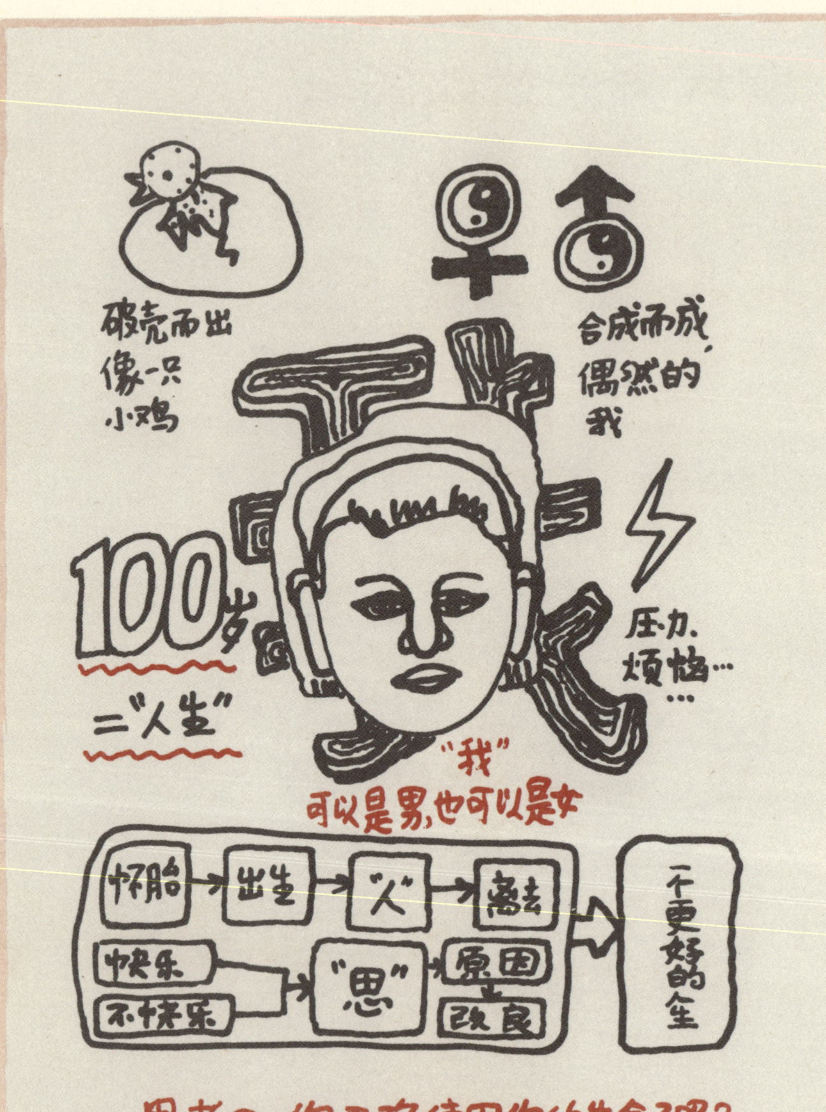
破壳而出
像一只
小鸡
合成而成，
偶然的
我
100岁
="人生"
压力、
烦恼……
"我"
可以是男，也可以是女
怀胎
出生
"人"
离去
快乐
不快乐
"思"
原因
改良
一个更好的人生
思考2：你正确使用你的生命了吗？

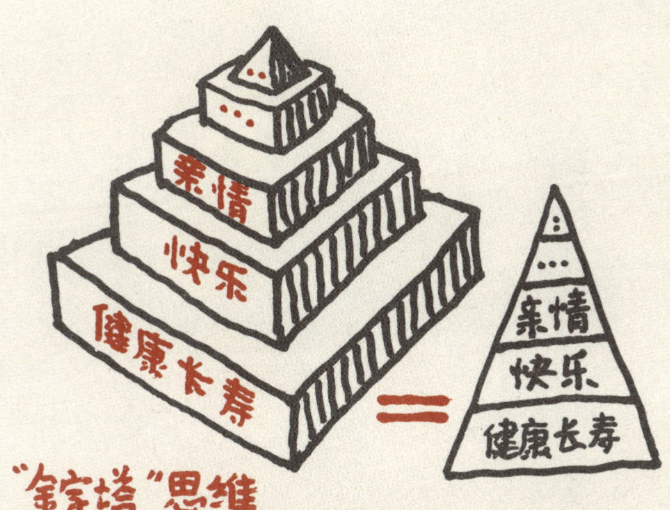

“金字塔”思维

上面二图其实是一样的。
塔基是你认为最重要的事情。
其余次之。
当然，你还可以罗列更多。
这个方法，可帮你排列事情的重要性等级（权重）

思考3：人生大事权重的“金字塔”

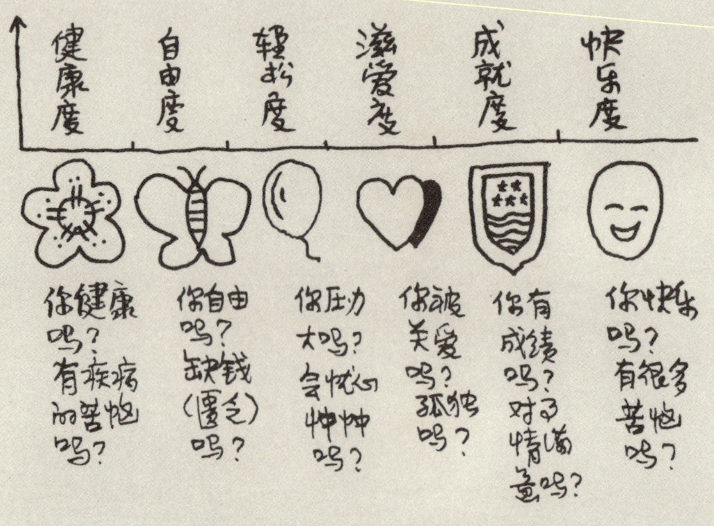
健康度
自由度
轻松度
滋爱度
成就度
快乐度
你健康吗？有疾病的苦恼吗？
你自由吗？缺钱（匮乏）吗？
你压力大吗？会忧心忡忡吗？
你被关爱吗？孤独吗？
你有成绩吗？对事情满意吗？
你快乐吗？有很多苦恼吗？

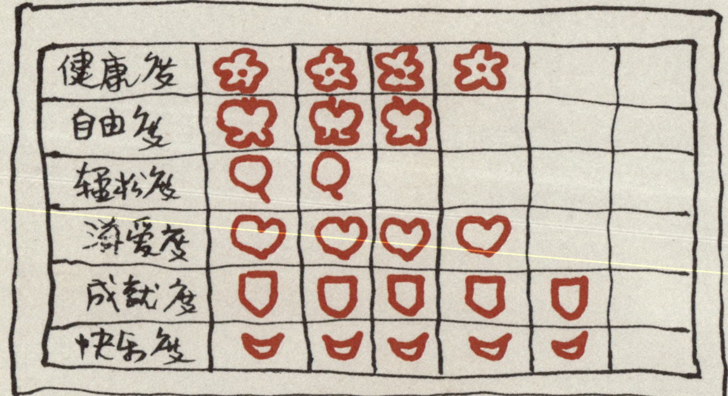
健康度
自由度
轻松度
滋爱度
成就度
快乐度

上表：学习幼儿园的表格法，试试给自己打分

思考4：我为什么快乐不快乐？

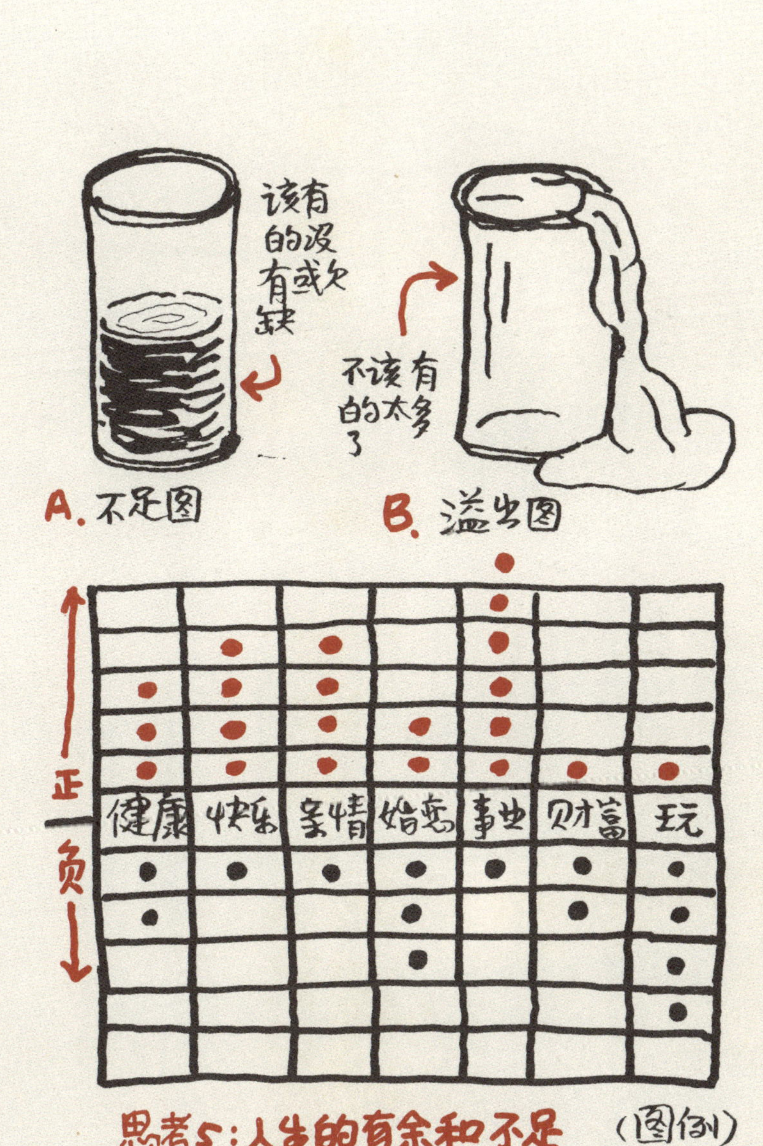

思考5:人生的有余和不足 (图例)

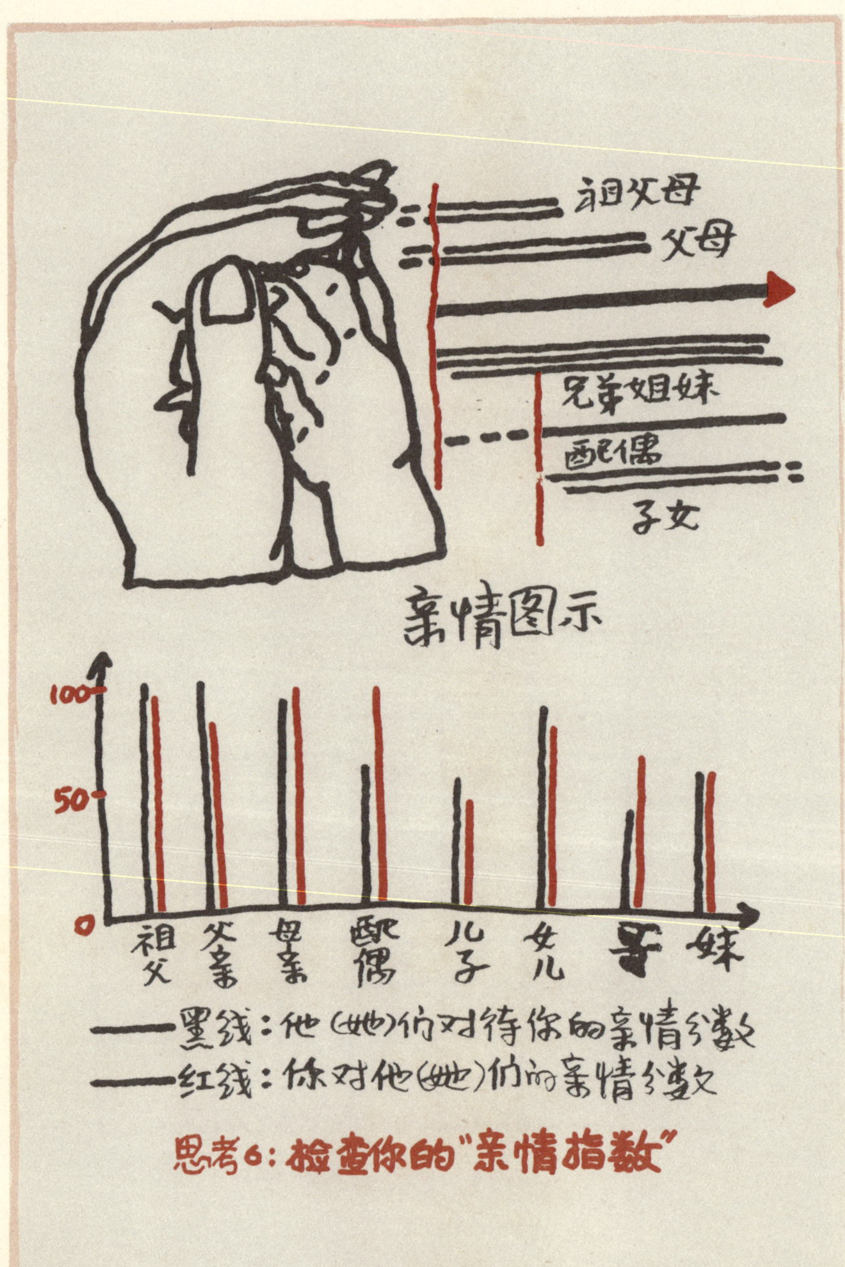
祖父母
父母
兄弟姐妹
配偶
子女
亲情图示
100
50
0
祖父
父亲
母亲
配偶
儿子
女儿
哥
妹
——黑线：他（她）们对待你的亲情分数
——红线：你对他（她）们的亲情分数
思考6：检查你的"亲情指数"

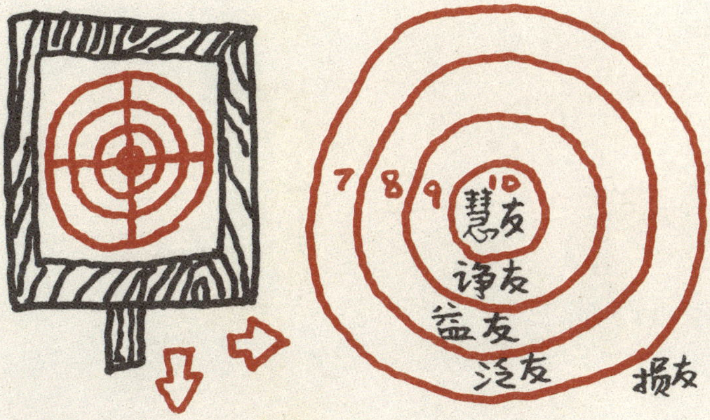

慧	张三、李四
诤	赵一、钱二、孙三……
益	黄A、金B……
损	王八、苟九

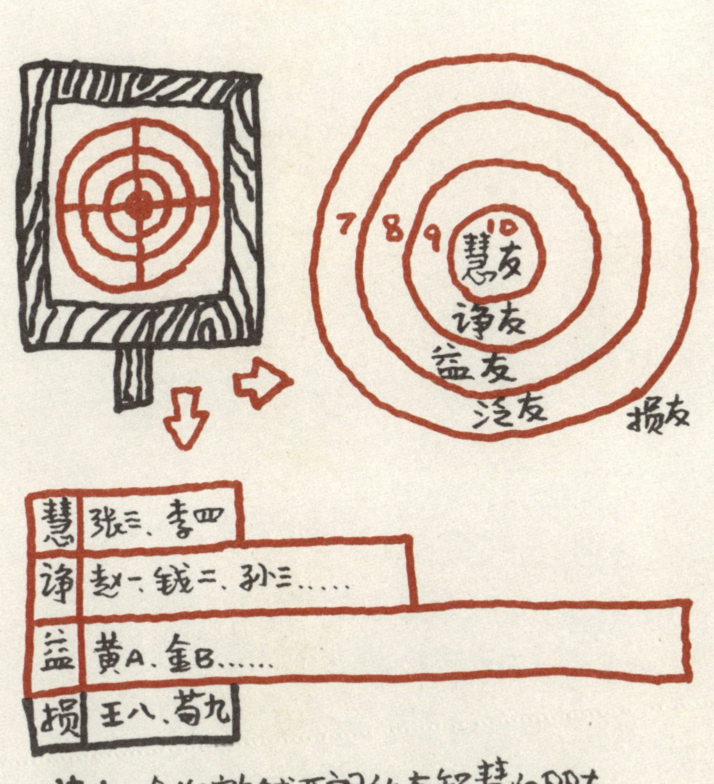

慧友：令你豁然开朗的有智慧的朋友；

诤友：能为你"两肋插刀"的生死之交；

益友：有益无害，可以有一些，多多然更好；

泛友：泛泛之交，可有可无。

损友：离远他（她）！

思考7：清点一下你有些什么朋友？

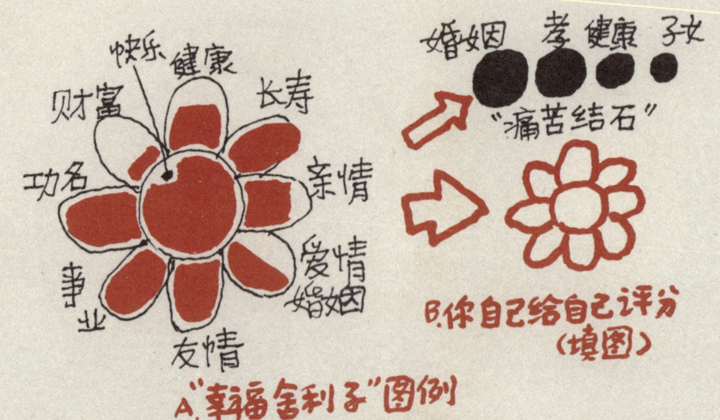

A."幸福舍利子"图例

B.你自己给自己评分（填图）

上图，是对你人生成败得失的一次"自我体检"。以我自己为例，我认为的缺失主要是财富和婚姻，健康也不尽如我意，但我对长寿寄予厚望（自信！）。

您不妨也为自己"体检一下"

（右上角，是相应的"痛苦结石"，其中"孝"的缺失是父母的欠账，"子女"则因婚姻不顺带来一些缺失。）

VS

思考8："人生自我体检"：舍利子 结石

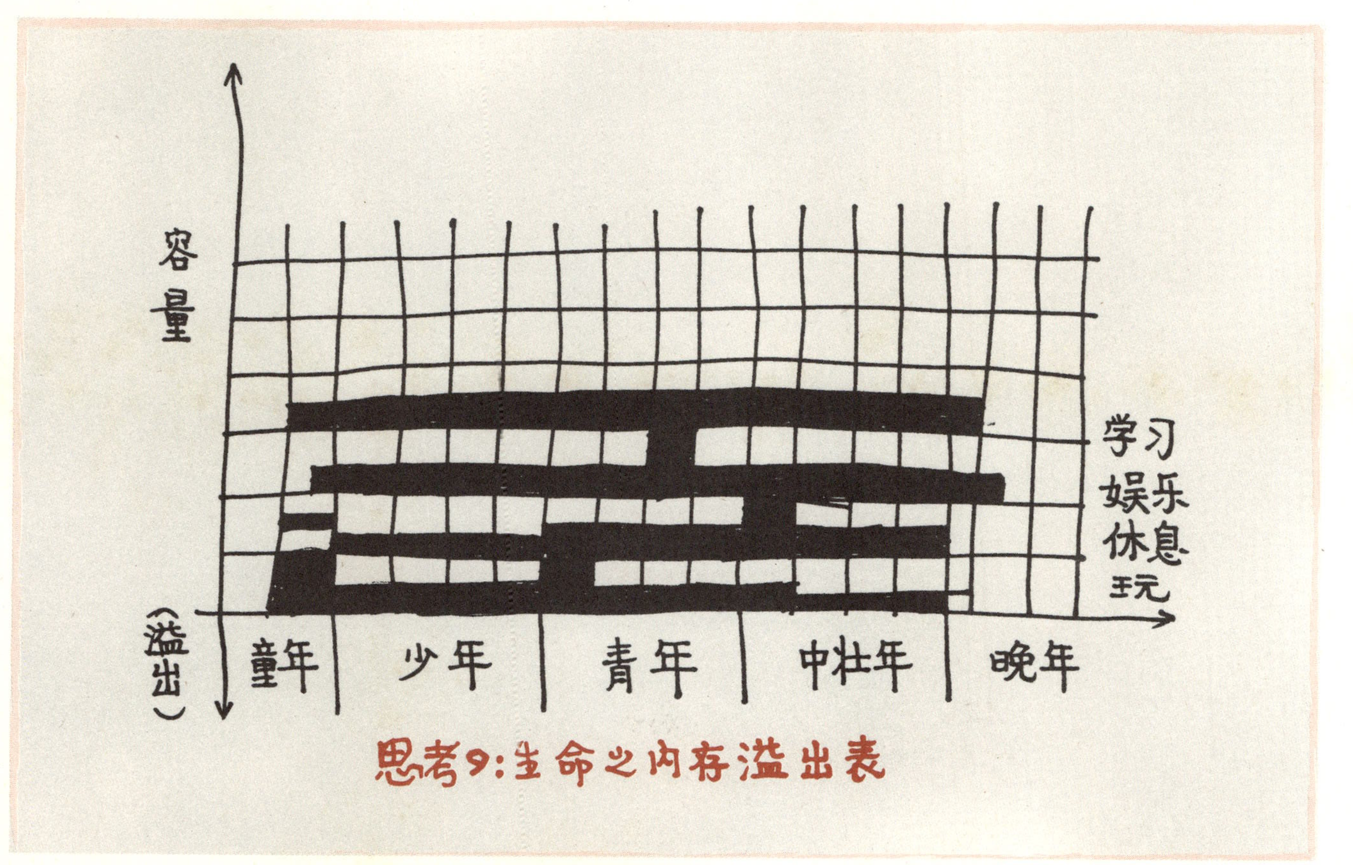

思考9：生命之内存溢出表